Pierre Pötschick

Magnetron-aktivierte plasmachemische Dampfphasenabscheidung von amorphen und mikrokristallinen wasserstoffhaltigen Siliziumschichten

TUDpress

DRESDNER BEITRÄGE ZUR SENSORIK

Herausgegeben von

Gerald Gerlach

Band 57

Pierre Pötschick

Magnetron-aktivierte plasmachemische Dampf-phasenabscheidung von amorphen und mikrokristallinen wasserstoffhaltigen Siliziumschichten

TUD*press*
2015

Die vorliegende Arbeit wurde am 23. Mai 2014 als Dissertation an der Fakultät für Elektrotechnik und Informationstechnik der Technischen Universität Dresden eingereicht und am 03. Dezember 2014 erfolgreich verteidigt

Vorsitzender:	Prof. Dr. rer. nat. Johann Bartha (TU Dresden)
Gutachter:	Prof. Dr.-Ing. habil. Gerald Gerlach (TU Dresden)
	Prof. Dr.-Ing. habil. Martin Hoffmann (TU Ilmenau)
	Prof. Dr.-Ing. habil. Thomas Zerna (TU Dresden)

Bibliografische Information der Deutschen Nationalbibliothek
Die Deutsche Nationalbibliothek verzeichnet diese Publikation in der Deutschen Nationalbibliografie; detaillierte bibliografische Daten sind im Internet über http://dnb.d-nb.de abrufbar.

Bibliographic information published by the Deutsche Nationalbibliothek
The Deutsche Nationalbibliothek lists this publication in the Deutsche Nationalbibliografie; detailed bibliographic data are available in the Internet at http://dnb.d-nb.de.

ISBN 978-3-95908-014-9

Verlag der Wissenschaften GmbH
Bergstr. 70 | D-01069 Dresden
Tel.: 0351/47 96 97 20 | Fax: 0351/47 96 08 19
http://www.tudpress.de

Gesetzt vom Autor.
Printed in Germany.

Für Susann, Magnus und Carl.

Vorwort der Herausgebers

Amorphes Silizium hat große Bedeutung für die Herstellung von Dünnschichttransistoren, z. B. auf flexiblen Substraten wie flexiblen Leiterplatten oder Folien. Anwendungen finden sich insbesondere für Solarzellen oder für Sensoren. Bisher werden zur Abscheidung meist PECVD-Verfahren für die Herstellung verwendet (meistens mit HF-, VHF- oder MW-Anregung), wobei die Abscheideraten mit Werten von weniger als 1 nm/s für praktische Anwendungen bisher völlig unzureichend sind. Einen Ausweg bietet hier die Verwendung von Doppelringmagnetron-Sputterquellen zur Plasmaerzeugung und -steuerung, da so die Plasmadichte und somit auch die Abscheiderate erheblich gesteigert werden können. Auf diese Weise lassen sich die Anforderungen an das Prozessvolumen deutlich senken und eine schnelle Arc-Abschaltung und damit eine hohe Prozessstabilität erreichen. Dies alles erlaubt es auch viel einfacher, sehr große Substrate zu beschichten.

Der vorliegende Band der „Dresdener Beiträge zur Sensorik“ untersucht nun weltweit zum ersten Mal die Eigenschaften und die Möglichkeiten zur Prozessführung für amorphe und mikrokristalline Siliziumdünnschichten, die mit einem Doppel-Ring-Magnetron abgeschieden werden. Dabei wird der Einfluss der Pulsmodi, der Gaszusammensetzung, der Plasmaparameter und der Substrattemperatur auf die Abscheiderate und die Schichteigenschaften betrachtet. Es gelingt, grundlegende Zusammenhänge aufzuklären und klare Empfehlungen zur Prozessführung abzuleiten. Damit legt diese Arbeit die Grundlagen für die Entwicklung von Abscheideprozessen von a-Si bzw. µc-Si mit hoher Wirtschaftlichkeit und auf großen Flächen. Sie leistet damit einen international wichtigen wissenschaftlich-technischen Beitrag für die weitere Entwicklung entsprechender Dünnschichtbauelemente auf der Basis dieser Materialien. Die vorliegende Arbeit ist allerdings nicht nur wissenschaftlich von hohem Wert, sondern könnte perspektivisch auch wirtschaftlich große Bedeutung erlangen. Ich wünsche ihr deshalb große Verbreitung mit vielen interessierten Lesern!

Dresden im Mai 2015 Gerald Gerlach

Kurzfassung

Die vorliegende Dissertation befasst sich mit dem Magnetron-PECVD-Prozess im Hinblick auf die Herstellung amorpher und mikrokristalliner Siliziumdünnschichten aus einem Silan-Wasserstoff-Plasma. Der Schwerpunkt liegt dabei auf der Herstellung und Charakterisierung amorpher Siliziumschichten. Im Gegensatz zur weit verbreiteten HF- bzw. VHF-Anregung wird zur Plasmaerzeugung und -steuerung eine Magnetron-Sputterquelle, die für das reaktive Puls-Magnetron-Sputtern entwickelt wurde, eingesetzt.

Durch eine Langmuir-Doppelsonde werden die Parameter Elektronentemperatur, Plasmadichte und Ionensättigungsstrom zur Charakterisierung des Plasmas bestimmt. Die drei genannten Plasmaparameter zeigen dabei eine starke Abhängigkeit vom Wasserstofffluss. Die hohe Elektronentemperatur als Maß für die mittlere kinetische Energie zeigt, dass die Energien der Teilchen im Plasma wesentlich höher sind als in HF- bzw. VHF-Prozessen. Es ist davon auszugehen, dass der Prekursor Silan viel stärker angeregt und fragmentiert wird als in vergleichbaren HF-Prozessen. Darüber hinaus bewirkt eine hohe Ionenstromdichte in Kombination mit der hohen Energie der Teilchen einen starken Beschuss der aufwachsenden Schicht mit hochenergetischen Ionen und beeinflusst somit die Oberflächendiffusion der schichtbildenden Teilchen.

Die erzielten Beschichtungsraten für amorphe Schichten sind wesentlich höher als in den weit verbreiteten HF-PECVD-Prozessen. Die hohen Werte für die Photoempfindlichkeit übertreffen die Anforderungen für Device-Grade-Material. Trotz der guten Ergebnisse für die Photoempfindlichkeit liegen die erreichten Maximalwerte der Hellleitfähigkeit rund eine Größenordnung hinter den Anforderungen. Ein weiteres Defizit stellt der zu hohe Wasserstoffgehalt der Schichten verbunden mit dem hohen Mikrostrukturparameter dar.

Zur Erklärung der Defizite in den Schichteigenschaften wird über die Mechanismen der Schichtbildung in einem Silan-Wasserstoff-Plasma der Zusammenhang zu den bestimmten Plasmaparametern und der Elektronenenergieverteilung hergestellt.

Abstract

This thesis studies the magnetron PECVD process and focusses on the fabrication of amorphous and microcrystalline silicon thin films deposited through a silane hydrogen plasma. The emphasis is on the deposition and investigation of amorphous layers. In contrast to well etablished HF and VHF plasma excitation a magnetron sputter source was used which was developed for reactive pulse magnetron sputtering.

Through a Langmuir double probe the parameters electron temperature, plasma density and ion saturation current were determined to characterise the plasma. The three plasma parameters showed a strong dependence on the hydrogen flow. The high electron temperature as a measure of the average kinetic energy revealed that the energy of the particles in the plasma is much higher than in RF or VHF processes. It is assumed that the precursor silane was much more excited and fragmented than in comparable RF processes. Moreover, a high ion current density in combination with the high energy of the particles resulted in a strong bombardment of the growing layer with high energy ions, and thus affected the surface diffusion of the film-forming particles.

The deposition rates obtained for amorphous layers were much higher than for the widely used RF PECVD processes. The high values for the photosensitivity exceeded the requirements for device-grade material. Despite the good results for the photosensitivity, the reached maximum values of photo conductivity were around an order of magnitude short of the requirements. Another deficit is the excessive hydrogen content of the layers in combination with a high microstructural parameter.

To explain the shortcomings in the properties of the layers, the relationship between plasma parameter and electron energy distribution is discussed through the mechanisms of layer formation in a silane hydrogen plasma.

Inhaltsverzeichnis

Abkürzungsverzeichnis **XIII**

Symbolverzeichnis **XV**

1. Einleitung und Aufgabenstellung **1**
1.1. Einleitung 1
1.2. Aufgabenstellung 3

2. Grundlagen **5**
2.1. Plasmabasierte Beschichtungsprozesse 5
2.1.1. Plasma für Beschichtungsverfahren 5
2.1.2. Schichtabscheidung mittels PVD- und CVD-Verfahren 10
2.1.3. Magnetronsputtern 11
2.1.4. Magnetron-PECVD-Prozess 14
2.2. Amorphes Silizium 15
2.2.1. Aufbau und Eigenschaften 15
2.2.2. Schichtwachstum im PECVD-Prozess 20
2.3. Mikrokristallines Silizium 24

3. Verfahren zur Abscheidung von amorphen und mikrokristallinen Siliziumschichten **27**

4. Experimenteller Aufbau und verwendete Untersuchungsmethoden **29**
4.1. Beschichtungsanlage 29
4.1.1. Cluster-Anlage Cluster 300 29
4.1.2. Doppel-Ring-Magnetron 30
4.1.3. Stromversorgung des Magnetrons 32
4.2. Prozesscharakterisierung 33
4.2.1. Langmuir-Sondenmessung 33
4.2.2. Bestimmung der Substrattemperatur 37
4.3. Schichtcharakterisierung 37
4.3.1. Leitfähigkeitsuntersuchungen 37
4.3.2. Optische Spektroskopie 38
4.3.3. FTIR-Spektroskopie 42
4.3.4. Raman-Spektroskopie 43
4.3.5. Optische Glimmentladungsspektroskopie 45

5. Bestimmung der Plasmaparameter in gepulsten DC-Plasmen 47
5.1. Vergleich von Puls- und Prozessmodi beim Magnetron-PECVD-Prozess 47
5.2. Variation des Wasserstoffflusses 49
5.3. Variation des Silanflusses 55
5.4. Variation des Argonflusses 57
5.5. Zusammenfassung 59

6. Abscheidung von amorphen Siliziumschichten 63
6.1. Prozessinbetriebnahme 63
6.1.1. Versuche zum Pulsmodus 63
6.1.2. Targetbedeckung und Langzeitstabilität 64
6.1.3. Einbau von Targetmaterial 65
6.1.4. Beschichtungsrate 67
6.1.5. Bestimmung weiterer Schichteigenschaften 71
6.1.6. Zusammenfassung 73
6.2. Einbau von Kohlenstoff und Sauerstoff 75
6.2.1. Quellen von Schichtverunreinigungen 75
6.2.2. Einfluss von Verunreinigungen auf die Schichteigenschaften . . . 77
6.3. Einfluss der Substrattemperatur 78
6.4. Einfluss des Wasserstoffflusses 82
6.5. Mikrostrukturparameter und Wasserstoffgehalt 86
6.6. Einfluss des Argonflusses 89
6.7. Einfluss der elektrischen Leistung 92
6.8. Zusammenfassung 94

7. Abscheidung von mikrokristallinen Siliziumschichten 97
7.1. Mikrokristallines Wachstum 98
7.2. Kristallitgröße 100
7.3. Schichtspannungen 103
7.4. Zusammenfassung 104

8. Zusammenfassung und Ausblick 105

A. Anhang 109
A.1. GDOES-Spektren 109
A.2. Tauc-Plot 110
A.3. FTIR-Spektren 111
A.4. Raman-Spektren 112

Literaturverzeichnis 122

Abkürzungsverzeichnis

Al_2O_3	...	Aluminiumoxid
AM	...	Air Mass
Ar	...	Argon
ASG	...	Aluminiumsilicatglas
a-Si:H	...	amorphes wasserstoffhaltiges Silizium
C	...	Kohlenstoff
CVD	...	Chemical Vapour Deposition
DB	...	Dangling Bond
DC	...	Direct Current
DRM 400	...	Doppel-Ring-Magnetron
FTIR	...	Fourier Transform Infrared Spectroscopy
FWHM	...	Full Width at Half Maximum (Halbwertsbreite)
GDOES	...	Gas Discharge Optical Emission Spectroscopy
H, H_2	...	Wasserstoff
HF	...	High Frequency
HMDSN	...	Hexamethyldisilazan
HMDSO	...	Hexamethyldisiloxan
HSM	...	High Stretching Mode
IR	...	Infrarot
LSM	...	Low Stretching Mode
Mag-PECVD	...	Magnetron-PECVD
MF	...	Mittelfrequenz
MW	...	Mikrowelle
NIR	...	naher Infrarotbereich
O	...	Sauerstoff
PECVD	...	Plasma-Enhanced Chemical Vapour Deposition
PET	...	Polyethylenterephthalat
PVD	...	Physical Vapour Deposition
Si	...	Silizium
Si-H	...	Silizium-Wasserstoff-Bindung
SiH_4	...	Silan
SiO_2	...	Siliziumdioxid
$SiO_xC_yH_z$	...	Siliziumoxid mit Kohlenwasserstoffanteil
TEM	...	Transmissionselektronenmikroskop
TO	...	transversal optisches Phonon
UBS-C2	...	Pulsgenerator 2-kanalig (Unipolar Bipolar Switch)

UV	...	Ultraviolett
VHF	...	Very High Frequency
XRD	...	Röntgenbeugung
µc-Si:H	...	mikrokristallines wasserstoffhaltiges Silizium

Symbolverzeichnis

A ... Fläche
A_S ... Sondenfläche
$A1, A2$ ... Modellparameter
c ... Modellparameter
D ... Elektrodenabstand
d ... Kristallitgröße
d_S ... Schichtdicke
e ... Elementarladung
e^- ... Elektron
E ... elektrische Feldstärke, Energie
E_C^{mob} ... Beweglichkeitskante des Leitungsbandes
E_e ... Elektronenenergie
E_{el} ... Energie des elektrischen Feldes
E_{kin} ... kinetische Energie
$\overline{E_{kin}}$ ... mittlere kinetische Energie
E_{Tauc} ... Größe der Bandlücke nach Tauc
E_V^{mob} ... Beweglichkeitskante des Valenzbandes
h^+ ... Defektelektron, Loch
h ... Plancksches Wirkungsquantum
I ... elektrischer Strom
I_{mess} ... gemessene Intensität
I_p ... Ionensättigungsstrom
I_S ... Sondenstrom
I_{SC} ... Kurzschlussstrom
I_O ... Ausgangsintensität
i_i ... dimensionsloser Ionenstrom
j_i ... Ionenstromdichte
$\mathrm{k_B}$ ... Boltzmannkonstante
L ... Elektrodenbreite
M_{Si} ... molare Masse (Silizium)
m ... Masse
m_e ... Elektronenmasse
m_i ... Ionenmasse
n ... Brechungsindex
n_e ... Elektronendichte
n_i ... Ionendichte

n_{i+}	...	Dichte positiv geladener Ionen
n_{i-}	...	Dichte negativ geladener Ionen
n_S	...	Brechungsindex des Substrates
n_0	...	Neutralgasdichte, Brechungsindex der Luft
P	...	elektrische Leistung
p	...	Druck
q	...	Ladungszustand
q_{H_2}	...	Wasserstofffluss
q_{SiH_4}	...	Silanfluss
R_S	...	Sondenradius
$\dot{R}_{Si}$	...	molarer Fluss (Silizium)
R^*	...	Mikrostrukturparameter
R_1, R_2, R_3	...	Reflexionskoeffizienten
T	...	Transmission, Temperatur
T_M	...	Transmissionsmaxima
T_m	...	Transmissionsminima
T_{max}	...	maximale Substrattemperatur
t	...	Zeit
T_0	...	Neutralgastemperatur
T_e	...	Elektronentemperatur
T_i	...	Ionentemperatur
U	...	elektrische Spannung
U_{OC}	...	Leerlaufspannung
U_S	...	Sondenspannung
U_{SB}	...	Selbstbiasspannung
V_m	...	molares Volumen
v	...	Geschwindigkeit
X	...	Ionisierungsgrad
X_C	...	Raman-Kristallinität
X_S	...	dimensionsloses Sondenpotential
X_{SiH4}	...	Silangehalt
X_{Sonin}	...	Sonin-Potenzial
x	...	Koordinatenrichtung
x_0	...	Modellparameter
Y_{Sp}	...	Sputterausbeute
$y1, y2$	...	Modellfunktionen
z	...	Koordinationszahl
Z	...	Ladungszahl
Z_{i+}	...	Ladungszahl positiv geladener Ionen
Z_{i-}	...	Ladungszahl negativ geladener Ionen

α	...	Absorptionskoeffizient
β	...	dimensionsloser Parameter $(R_S/\lambda_D)^2 \cdot i_i$
ϵ_0	...	elektrische Feldkonstante
Δ	...	Laplace-Operator
λ	...	Wellenlänge
λ_D	...	Debye-Länge
ν	...	Frequenz, Raman-Verschiebung
ρ	...	Ladungsträgerdichte
ρ_{Si}	...	Siliziumdichte
σ	...	Leitfähigkeit
σ_{dunkel}	...	Dunkelleitfähigkeit
σ_{hell}	...	Hellleitfähigkeit
$\sigma_{hell}/\sigma_{dunkel}$	...	Photoempfindlichkeit, Photoantwort
Φ_{fl}	...	Floating-Potenzial
Φ_{Pl}	...	Plasmapotenzial
Φ_S	...	Sondenpotenzial

1. Einleitung und Aufgabenstellung

1.1. Einleitung

Spear und Le Comber [1] gelang 1975 erstmals erfolgreich die Abscheidung von amorphem Silizium sowohl mit n- als auch mit p-Dotierung. Sie zeigten, dass es möglich ist, die elektrische Leitfähigkeit von amorphen Halbleitern systematisch und reproduzierbar über viele Größenordnungen ($10^{-11} \dots 10^{-1}\,(\Omega\text{cm})^{-1}$) zu beeinflussen. Diese Ergebnisse eröffneten viele neue Möglichkeiten für Anwendungen dieser Materialien. Eine der wichtigsten Anwendungen von amorphem Silizium sind Dünnschichttransistoren, die z.B. in Bild- bzw. Photosensoren [2], Positionssensoren [3], Laserdetektoren [4], photochemischen Sensoren [5] und Aktiv-Matrix-Displays [6] verwendet werden. Ein besonderer Vorteil von Dünnschichttransistoren ist, dass sie auf flexiblen Leiterplatten hergestellt werden können [7]. Ein anderer wichtiger Bereich ist die Nutzung der Dünnschichtphotovoltaik für die Erzeugung von regenerativer Energie. Das am weitesten verbreitete Material dafür ist neben Cadmiumtellurid und Kupfer-Indium-Gallium-Selenid vor allem Silizium [8].

Solche Siliziumdünnschichten lassen sich durch Plasma-aktivierte chemische Dampfphasenabscheidung (Plasma-Enhanced Chemical Vapour Deposition, PECVD) herstellen. Typischerweise wird das Plasma durch Hochfrequenz-Anregung (HF) mit einer Frequenz von 13,56 MHz [9] erzeugt. Alternativ lassen sich auch Frequenzen im Ultrakurzwellenbereich (Very High Frequency, VHF) zwischen 40,68 MHz [10] und 120 MHz [11] oder Mikrowellen von 2,45 GHz verwenden [12]. Zugrunde liegt allen Verfahren die Anregung und Dissoziation eines schichtbildenden Prekursors, dessen Fragmente zum Substrat hin diffundieren und durch Kondensation zur Schichtbildung beitragen.

Allen diesen Prozessen ist gemeinsam, dass die erzielten Beschichtungsraten im Vergleich mit anderen Beschichtungsverfahren, wie dem Sputtern, eher gering ausfallen. Mit den verschiedenen HF-Verfahren werden Raten zwischen 0,3 nm/s und 0,9 nm/s erreicht. Eine vielversprechende Alternative zur Erzielung einer hohen Beschichtungsrate ist die Verwendung eines Magnetrons im PECVD-Prozess. Dabei wird anstelle einer HF- oder Mikrowellenquelle eine Magnetron-Sputterquelle zur Plasmaerzeugung und Plasmasteuerung eingesetzt. Bei dieser Plasmaquelle lassen sich mit einer ganzen Reihe von Prozessparametern die Schichteigenschaften beeinflussen:

- Durch die Einspeisung von gepulster DC-Energie (Pulsfrequenz 50 kHz) wird eine schnelle Arc-Abschaltung ermöglicht und somit die Prozessstabilität gewährleistet.

- Durch den Einsatz einer Magnetron-Sputterquelle wird der PECVD-Prozessdruck verringert und liegt somit im Druckbereich von Sputterprozessen (um 1 Pa). Dies erleichtert die Kombination des PECVD-Prozessschrittes mit Sputterprozessen in einer In-line-Anlage.

- Solche Quellen lassen sich leicht in ihrer Länge skalieren, so dass sie auch für die industrielle Großflächenbeschichtung genutzt werden können. Der Bau von zwei oder mehr Meter langen Kathoden mit homogener Plasmaverteilung stellt heutzutage kein Problem mehr da.

- Zusätzlich zum Schichtbildungsanteil durch den Prekursor kann auch ein Anteil von gesputtertem Targetmaterial zum Schichtwachstum beitragen. Damit lässt sich neben der PECVD-Komponente gezielt Targetmaterial in die Schicht einbringen. Es findet also zusätzlich eine physikalische Dampfphasenabscheidung (Physical Vapour Deposition, PVD) statt. So könnten durch paralleles Sputtern von einem hochdotierten Target gezielt Dotanden in die Schicht eingebracht werden. Damit ließe sich der Einsatz toxischer Dotiergase wie Phosphin oder Diboran und die aufwendige Nachbehandlung von Prozessabgasen und -nebenprodukten bzw. deren Entsorgung vermeiden.

Bei denen in diesem Prozess bisher verwendeten Prekursoren handelt es sich um organische, siliziumhaltige Monomere wie Hexamethyldisiloxan oder Tetraethylorthosilicat. Diese erzeugen zusammen mit dem Reaktivgas Sauerstoff Schichten, die neben SiO auch einen Anteil an Kohlenstoff und Wasserstoff enthalten. Anwendung finden solche Schichten z.B. als Zwischenschichten von gesputterten Permeationsbarrieren [13]. Der Brechungsindex dieser $SiO_xC_yH_z$-Schichten weist einen ähnlichen Verlauf auf wie die von gesputterten SiO_2-Schichten. Durch den organischen Anteil verfügen diese Schichten aber über geringere Schichtspannungen und sorgen somit für eine bessere mechanische Anpassung an die als Substrat verwendete PET-Folie [14]. Untersuchungen zeigten, dass diese Schichten in Kombination mit einer Antireflexionsbeschichtung auch als Kratzschutzschicht auf Brillengläsern aus Polycarbonat geeignet sind [15, 16]. Die Beschichtungsraten, abhängig von den Prozessparametern und der Zusammensetzung des Prekursor-Gas-Gemisches, betrugen dabei bei stationärer Beschichtung bis zu 12 nm/s .

Zusammenfassend lässt sich feststellen, dass bisherige PECVD-Prozesse zur Abscheidung von für die Photovoltaik geeignetem Silizium geringe Beschichtungsraten aufweisen und die Skalierung für die Großflächenbeschichtung technisch relativ aufwendig ist. Durch den Einsatz einer Magnetron-Sputterquelle als Plasmaquelle ließen sich diese Nachteile vermeiden. Diese Arbeit will nun den Magnetron-PECVD-Prozess zur Abscheidung von amorphen und mikrokristallinen Siliziumschichten grundlegend untersuchen, um dessen Möglichkeiten und Grenzen aufzuzeigen.

1.2. Aufgabenstellung

Das Ziel der vorliegenden Arbeit ist die Untersuchung zur Eignung des Prozesses für die Herstellung von amorphen und mikrokristallinen Siliziumdünnschichten für Photovoltaik-Anwendungen. Der Schwerpunkt liegt dabei auf der Untersuchung von amorphen Siliziumdünnschichten. Seitens des industriellen Umfeldes, in dem diese Arbeit entstand, ergab sich zuerst die Forderung nach amorphen Schichten, da diese der Erfahrung nach technologisch leichter zu realisieren sind. Anhand der erzielten Ergebnisse soll eine Beurteilung der Anwendbarkeit dieses PECVD-Prozesses für den Einsatz in der Dünnschichtphotovoltaik und gegebenenfalls auch für andere Bereiche erfolgen. Um die Zusammenhänge zwischen Schichteigenschaften und den spezifischen Eigenschaften des Magnetronplasmas aufzuklären, werden Messungen der Plasmaparameter mit einer Langmuir-Doppelsonde durchgeführt. Zu den interessierenden Schichteigenschaften gehören die Dunkel- und Hellleitfähigkeit, die Schichtzusammensetzung, der Wasserstoffgehalt und die Art der Wasserstoffbindung sowie bei mikrokristallinen Schichten die Größe des kristallinen Anteils. Aus dem genannten Themenkomplex ergeben sich folgende Einzelaufgaben:

- Aufbau eines Magnetron-PECVD-Prozesses mit Silan und Wasserstoff
- Bewertung der Langzeitstabilität des Prozesses
- Untersuchung des eingebauten Targetmaterials in der Schicht
- Bestimmung der Plasmaparameter (Elektronentemperatur, Elektronendichte und Ionensättigungsstrom) in Abhängigkeit von typischen Prozessparametern wie Pulsmodus, Gaszusammensetzung des Plasmas und elektrischer Leistung
- Vergleich der Energieverteilung der Elektronen im Plasma mit anderen Prozessen zur Silizium-Abscheidung
- Bewertung des Einflusses verschiedener Prozessparameter wie Pulsmodus (unipolar, bipolar), elektrische Leistung, Gaszusammensetzung und Target-Substrat-Abstand auf die Eigenschaften der amorphen Siliziumdünnschichten
- Untersuchungen zum Einflusses von Verunreinigungen der Schichten mit Fremdatomen auf die Schichteigenschaften
- Bestimmung des Einflusses der Substrattemperatur auf die Schichteigenschaften und Bewertung der Beiträge durch Vorheizen der Substrate und durch energetischen Substratbeschuss aus dem Plasma

2. Grundlagen

2.1. Plasmabasierte Beschichtungsprozesse

2.1.1. Plasma für Beschichtungsverfahren

Unter einem *Plasma* wird ein ionisiertes bzw. teilweise ionisiertes Gas verstanden. Es ist ein Gemisch aus drei Komponenten: freie Elektronen, positive und negative Ionen und neutrale Gasatome bzw. Gasmoleküle. Die Eigenschaften des Plasmas werden ganz wesentlich durch die freien Ladungsträger Elektronen und Ionen bestimmt.

Eine Klassifizierung des Plasmas kann durch den Druck p, die Elektronen- und Ionendichten n_e und n_i oder durch die Elektronen- und die Ionentemperatur T_e und T_i erfolgen. Die zur Ionisierung notwendige Energie kann z. B. durch Teilchenstöße (kinetische Energie) oder durch Strahlung aufgebracht werden. Über den Anteil ionisierter Neutralteilchen gibt der Ionisierungsgrad X Auskunft. Für einfach positiv geladene Ionen (Ladungszahl $Z = 1$) gilt

$$n_i = n_e \tag{2.1}$$

und damit

$$X = n_e/(n_0 + n_e) \tag{2.2}$$

bzw.

$$X = n_e/n_0 \qquad \text{wenn } X << 1 \tag{2.3}$$

mit der Neutralgasdichte $\mathrm{n_0}$.

Ein Plasma, dessen Ionisierungsgrad weit unter 1 liegt, wird als schwach ionisiert, solche mit Ionisierungsgraden von $X \approx 1$ werden als stark bzw. vollionisiert bezeichnet. Die Ionisierungsenergie (Bindungsenergie des Elektrons an das Atom) kann bei einfacher Ionisierung ($Z = 1$) für alle in Betracht kommenden Elemente zwischen 3,9 eV und 24,6 eV liegen. Liegt Mehrfachionisierung vor ($Z > 1$), sind die Werte wesentlich höher.

Im Gleichgewicht werden durch die Ionisierung die Ionen- und Elektronenverluste infolge Rekombination im Plasmavolumen und die Verluste durch Diffusion und Konvektion am Plasmarand ausgeglichen. Dieser Zustand wird auch als stationäre Entladung bezeichnet.

Haben alle Plasmakomponenten die gleiche Temperatur, spricht man von einem *Gleichgewichtsplasma* oder von einem *isothermen Plasma*, d.h. $T_0 = T_i = T_e$ mit T_0 als Neutralgastemperatur. Ist die Temperatur der Plasmateilchen unterschiedlich, spricht man von einem *Nichtgleichgewichtsplasma* oder einem *nichtisothermen Plasma*. Isotherme Plasmen können durch Wärmezufuhr in das Neutralgas erzeugt werden. Das kann über die heißen Wände des Reaktiongefäßes, durch schnelle Kompression des Neutralgases oder durch chemische Prozesse im Gas geschehen.

Da die Elektronen eine wichtige Rolle im Plasma spielen, werden Elektronendichte und Elektronenenergie zur weiteren Charakterisierung des Plasmas herangezogen. Über die Beziehung

$$E_e = \mathrm{k_B} \cdot T_e \tag{2.4}$$

ist mit der Boltzmannkonstanten $\mathrm{k_B}$ der Zusammenhang zwischen Elektronentemperatur T_e und Elektronenenergie E_e gegeben. Der Term $\mathrm{k_B}T_e$ wird oftmals selbst als Elektronentemperatur bezeichnet und in der Einheit Elektronenvolt angegeben, wobei 1 eV einer Temperatur von 11600 K entspricht.

Wird die Energie gezielt einer einzelnen Plasmakomponente – Elektronen oder Ionen – zugeführt, entsteht ein nichtisothermes Plasma. Die angeregten Teilchen sind auf Grund von niedrigen Stoßhäufigkeiten und wegen des Masseverhältnisses nicht in der Lage, der anderen Plasmakomponente ihre Energie zu übertragen. Elektrisch erzeugte Niederdruckplasmen ($p < 1,3\,\mathrm{kPa}$) sind wegen der hier herrschenden geringen Stoßfrequenz nichtisotherm. Dies trifft für die in dieser Arbeit untersuchten Plasmaprozesse zu.

Die Plasmen, die für Abscheideprozesse von Bedeutung sind, besitzen Elektronendichten von $1 \cdot 10^9\,\mathrm{cm}^{-3}$ bis $1 \cdot 10^{12}\,\mathrm{cm}^{-3}$.

Von außen betrachtet verhält sich ein Plasma elektrisch neutral. Diese Eigenschaft wird auch als *Quasineutralität* bezeichnet und lässt sich wie folgt formulieren:

$$n_e + \sum Z_{i-} \cdot n_{i-} = \sum Z_{i+} \cdot n_{i+}. \tag{2.5}$$

Darin bezeichnen n_{i+} und n_{i-} die Dichten der positiv bzw. negativ geladenen Ionen. Z_{i+} und Z_{i-} sind die dazugehörigen Ladungszahlen. Die Quasineutralität ergibt sich als Folge der Beweglichkeit der Ladungsträger im Plasma und der Entstehung elektrischer Felder bei einer Ladungstrennung. Wird z. B. eine Gruppe von Elektronen relativ zu einer Gruppe von Ionen verschoben, führt das zur Entstehung elektrischer Felder, welche die Störung (Ladungstrennung) auszugleichen versuchen. Da diese Felder von der Dichte der Teilchen abhängig sind, können im Falle eines dichten Plasmas sehr hohe Feldstärken auftreten. Das kann mit folgendem Gedankenexperiment veranschaulicht werden:

Ausgehend von der Poisson-Gleichung

$$\Delta\phi = -\frac{\rho}{\epsilon_0} \tag{2.6}$$

erhält man im eindimensionalen Fall

$$\frac{\mathrm{d}^2\phi}{\mathrm{d}x^2} = -\frac{\rho(x)}{\epsilon_0} \tag{2.7}$$

für die elektrische Feldstärke E

$$E = \frac{\rho x}{\epsilon_0} \tag{2.8}$$

mit dem elektrischen Potential ϕ, der Ladungsdichte ρ, der Länge x und der elektrischen Feldkonstante ϵ_0. Die Ladungsdichte ρ wird durch Elektronendichte n_e und Elementarladung e ersetzt:

$$\rho = n_e\mathrm{e}. \tag{2.9}$$

Nimmt man jetzt eine Ladungstrennung über eine Strecke von $x = 1\,\mathrm{mm}$ an, erhält man mit einer Elektronendichte von $n_e = 5 \times 10^{10}\,\mathrm{cm}^{-3}$ eine Feldstärke von $E = 9048\,\mathrm{V/m}$. Es ist einzusehen, dass diese hohen Feldstärken zu einem augenblicklichen Ausgleich von Raumladungsunterschieden führen [17, 18].

Eine für ein Plasma charakteristische Größe eines solchen gestörten Bereichs ist die Debye-Länge λ_D

$$\lambda_D = \sqrt{\frac{\epsilon_0 \mathrm{k_B} T_e}{\mathrm{e}^2 n_e}}. \tag{2.10}$$

Diese gibt den Abstand an, ab dem das Coulomb-Potenzial einer störenden Ladung auf das 1/e-fache abgesunken ist. Innerhalb einer Kugel mit dem Radius λ_D können Abweichungen von der Quasineutralität auftreten.

Bei dem in dieser Arbeit eingesetzten Plasmaprozess wird eine elektrische Anregung zur Ionisierung des Gases verwendet. Dabei sind vier Arten zu unterscheiden: Gleichspannungsanregung (DC), gepulste Gleichspannung bzw. Mittelfrequenzanregung (MF), Hochfrequenz- (HF) und Mikrowellenanregung (MW). Zur Erzeugung einer elektrischen Gasentladung benötigt man ein evakuierbares Entladungsgefäß (Rezipient), in das zwei Elektroden – Anode und Kathode – hineinragen. Für einen allerersten Stromfluss im Gas müssen geladene Teilchen vorhanden sein (Elektronen und Ionen). Diese Initialladungsträger sind aufgrund natürlicher Prozesse wie Photoionisation, kosmischer Strahlung oder natürlicher radioaktiver Strahlung stets vorhanden.

Wenn die angelegte elektrische Feldstärke genügend hoch ist und die Beschleunigungswege im Gas entsprechend lang sind, kommt es durch Stoßionisation zur lawinenartigen Vervielfachung dieser ersten Ladungsträger und somit zur Zündung der Gasentladung. Die fortschreitende Vermehrung der freien Ladungsträger führt zu einem Anstieg des Stromes. Die selbstständige Entladung ist durch ein Gleichgewicht zwischen Ionisation und Rekombination der Ladungsträger gekennzeichnet. Die Ströme in elektrisch erzeugten Plasmen können von Bruchteilen eines µA bis zu einigen MA betragen; die Brennspannung kann von wenigen V bis zu einigen kV reichen.

Die Entladungsarten lassen sich in drei Bereiche einteilen, die ineinander übergehen: Dunkelentladung (unselbstständige Entladung), Glimmentladung und Bogenentladung. In Abbildung 2.1 ist die Strom-Spannungs-Charakteristik einer Gasentladung dargestellt.

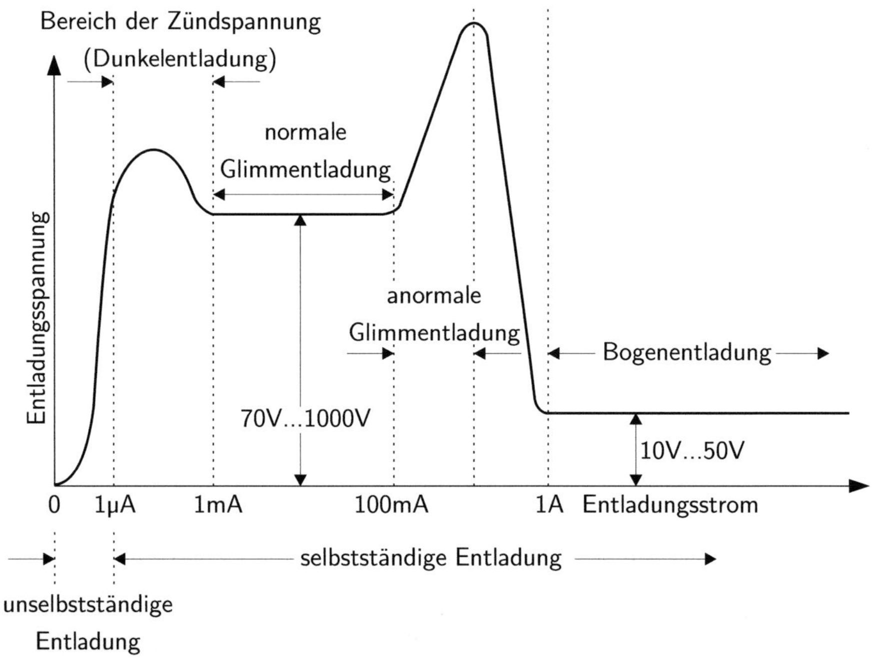

Abb. 2.1.: Strom-Spannungs-Charakteristik einer elektrischen Gasentladung [19].

Die für den untersuchten Abscheideprozess genutzte Entladung ist die anormale Glimmentladung. In Abbildung 2.2 ist der sich ausbildende Potenzialverlauf zwischen Anode und Kathode im Plasma während der Glimmentladung dargestellt. Die gesamte Brennspannung U fällt fast vollständig im unmittelbaren Bereich der Kathode ab. Dieser

Randbereich wird als Kathodenfall bezeichnet. Die Feldstärke $E_z = \mathrm{d}U/\mathrm{d}z$, mit z als Abstand zwischen Kathode und Anode, ist in diesem Bereich am größten. Der Potenzialverlauf im sich anschließenden Bereich ist, bedingt durch die Quasineutralität des Plasmas, nahezu konstant. Die dritte Entladungszone wird als Anodenfall bezeichnet.

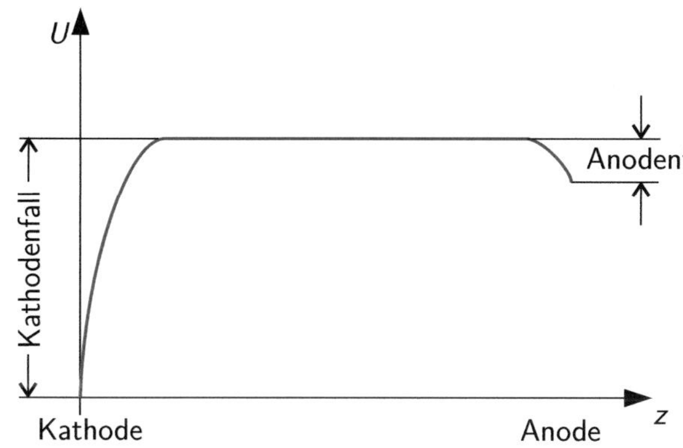

Abb. 2.2.: Potenzialverlauf einer Glimmentladung [19].

Die durch das elektrische Feld E_{el} beschleunigten Elektronen (Gleichungen (2.11) und (2.12)) erlangen auf Grund der geringeren Masse eine höhere Geschwindigkeit als Ionen (Gleichung (2.13)):

$$E_{el} = e \cdot U, \tag{2.11}$$

$$E_{kin} = \frac{1}{2}mv^2, \tag{2.12}$$

$$v = \sqrt{\frac{2Ue}{m}} \text{ mit } m_e << m_i. \tag{2.13}$$

Die kinetische Energie der Elektronen wird bei der Kollision mit Neutralgasteilchen wie z.B. Argonatomen, durch unelastischen Stoß teilweise an diese abgegeben. Das führt zur Anregung und zur Ionisierung der neutralen Gasatome bzw. -moleküle.

Durch Stoßprozesse im Plasma entstehen neben den Elektronen und Ionen auch angeregte, nicht ionisierte Teichen. Diese existieren nur für kurze Zeit ($10^{-9} \dots 10^{-8}$ s). Beim Übergang vom angeregten in den Grundzustand wird die durch Anregung aufgenommene Energie in Form eines Lichtquants $E = \mathrm{h}\nu$ wieder abgegeben. Das ist der Grund für das charakteristische Leuchten eines Plasmas [18, 19].

Eine Charakterisierung des Plasmas kann unter anderem über die Elektronentemperatur T_e erfolgen. Mit T_e kann die mittlere kinetische Energie der Elektronen im Plasma $\overline{E_{kin}}$ auch folgendermaßen ausgedrückt werden:

$$\overline{E_{kin}} = \frac{3}{2}\mathrm{k_B}T_e. \tag{2.14}$$

Genauere Erläuterungen zu den Plasmaparametern sowie deren Messung erfolgen im Abschnitt 4.2.1 und im Kapitel 5.

2.1.2. Schichtabscheidung mittels PVD- und CVD-Verfahren

Die beiden am häufigsten eingesetzten Verfahren zur Abscheidung dünner Schichten sind das PVD-Verfahren (Physical Vapour Deposition) und das CVD-Verfahren (Chemical Vapour Deposition). In PVD-Verfahren wird die Schicht durch Kondensation eines Dampfes des festen Ausgangsmaterials gebildet. Dazu zählen z. B. Verdampfungsverfahren oder die Kathodenzerstäubung (Sputtern). Bei CVD-Verfahren wird die Schicht ebenfalls aus der Gasphase, aber durch eine chemische Reaktion, erzeugt. Dafür ist es notwendig das Substrat zu heizen, um die erforderliche Energie für die Defragmentierung und Anregung des gasförmigen Prekursors und die chemische Reaktion zur Verfügung zu stellen.

PVD-Verfahren laufen bei Substrattemperaturen von unter 500°C ab. Dadurch werden Spannungen, hervorgerufen durch die thermische Verformung des Substrates, vermindert und somit nachfolgende Temperschritte zur Spannungsausheilung reduziert. Bei komplexen Geometrien ist PVD nur mit großem anlagentechnischen Aufwand anwendbar. So müssen zum Beispiel Bauteile für eine komplette 3D-Beschichtung aufwendig gehaltert und rotiert werden. CVD-Verfahren ermöglichen aufgrund der Isotropie der chemischen Reaktionsprozesse eine gleichmäßige Beschichtung von komplexen Geometrien, wobei eine gute Schichthaftung erreicht wird. Typische Substrattemperaturen liegen zwischen 900 ... 1200°C. Ein Problem stellt dabei allerdings die Sicherstellung einer hohen Homogenität der Gasverteilung dar.

Reine CVD-Verfahren benötigen keine Plasmaunterstützung. Bei einem CVD-Prozess findet auf der Oberfläche des Substrates eine chemische Reaktion gasförmiger Reaktionspartner statt. Die reaktiven Spezies entstehen im Gasvolumen erst infolge thermischer Aktivierung durch die Aufheizung des Substrates. Bedingt durch die hohen Abscheidetemperaturen ist das CVD-Verfahren damit nur auf ausreichend temperaturbeständige Substrate anwendbar [20].

Das CVD-Verfahren lässt sich in drei Prozessphasen einteilen:

1. Erzeugung des Reaktionsgemisches
2. Transport des Reaktionsgemisches zur Substratoberfläche
3. Schichtbildung

Bei der Plasma-aktivierten Gasphasenabscheidung (PECVD) wird die chemische Reaktion der Ausgangsstoffe durch eine Gasentladung aktiviert. Im Gegensatz zur thermischen Aktivierung (CVD) erreicht man durch die Plasmaaktivierung eine Abscheidung bei einer relativ niedrigen Substrattemperatur. Die Schichtzusammensetzung kann durch die Verwendung verschiedener Prekursoren sehr variabel gestaltet und durch die Parameter der Gasentladung gesteuert werden. Damit werden höhere Abscheideraten möglich und die Herstellung von Mehrschichtsystemen wird durch die aufeinanderfolgende Verwendung verschiedener Prekursoren vereinfacht [21].

Da die chemische Reaktion durch eine Gasentladung aktiviert wird, findet eine geringe Wärmebelastung des Subtrates statt. Werden organische Schichten abgeschieden, spricht man von Plasmapolymerisation. Durch die Prozessführung und die Zusammensetzung des Reaktionsgases können die Schichteigenschaften, wie z.B. Brechzahl oder Härte, in einem sehr breiten Bereich variiert werden. Mit geringem technischen Aufwand lassen sich so auch Schichten abscheiden, die dickenabhängige Materialeigenschaften (Gradientenschichten, Schichtstapel) besitzen [22].

2.1.3. Magnetronsputtern

Beim Sputtern, auch als Kathodenzerstäubung bezeichnet, wird eine Gasentladung (Glimmentladung, Abbildung 2.1) eines inerten Gases dazu benutzt, Material von einem Target abzutragen, um es auf einem Substrat abzuscheiden. Alle sich im Plasmaraum befindlichen Bauteile werden ebenfalls beschichtet. Der Gasdruck beim Sputtern beträgt zwischen 0,1 und 10 Pa. Positive Inertgasionen des Plasmas werden durch Einwirkung eines elektrischen Feldes in Richtung des Targets, welches sich auf negativem Potenzial befindet, beschleunigt. Beim Auftreffen der beschleunigten Ionen auf die Targetoberfläche kommt es zum Impulsübertrag auf Targetatome bzw. -moleküle. Diese werden dadurch aus der Targetoberfläche herausgeschlagen und können auf dem Subtrat, welches meistens gegenüber dem Target positioniert ist, kondensieren und auf diese Weise eine Schicht bilden.

Die Glimmentladung zwischen Anode und Kathode (Target) wird durch eine Gleichspannung von 200 bis 5000 V (DC-Sputtern, Abbildung 2.3) oder durch eine hochfrequente Wechselspannung (HF-Sputtern, Abbildung 2.4) aufrecht erhalten. Für das DC-Sputtern, auch Diodensputtern genannt, muss das Targetmaterial leitfähig sein.

Beim HF-Sputtern hingegen kann das Target auch aus einem Isolator bestehen, da es sich bei geeigneter Elektrodengeometrie selbstständig auf ein negatives Potenzial auflädt.

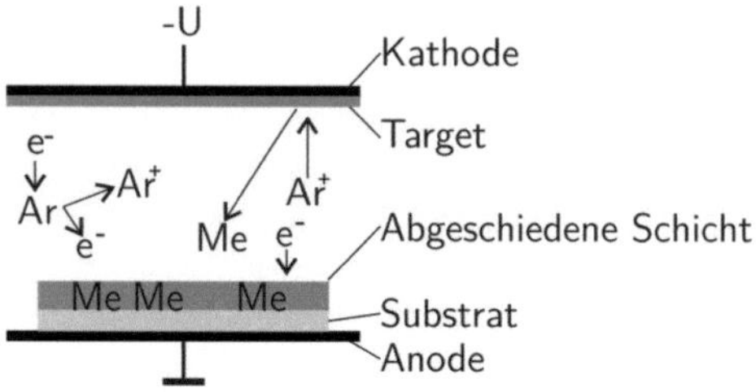

Abb. 2.3.: Prinzip des DC-Sputterns (Ar Argonatom, Ar^+ Argonion, e^- Elektron, Me Metallatom).

Die mechanische Resistenz des Targetmaterials gegenüber dem Ionenbeschuss bei der Kathodenzerstäubung wird durch die Sputterausbeute Y_{Sp} (Sputtering Yield) beschrieben. Sie ist definiert als die durchschnittliche Menge herausgeschlagener Atome pro einfallendem Ion bei einer bestimmten Energie. Bestimmt wird die Ausbeute vom Masseverhältnis zwischen Targetteilchen und Ion, der Ionenenergie, dem Aufschlagswinkel der Ionen und der Bindungsenergie der Targetteilchen.

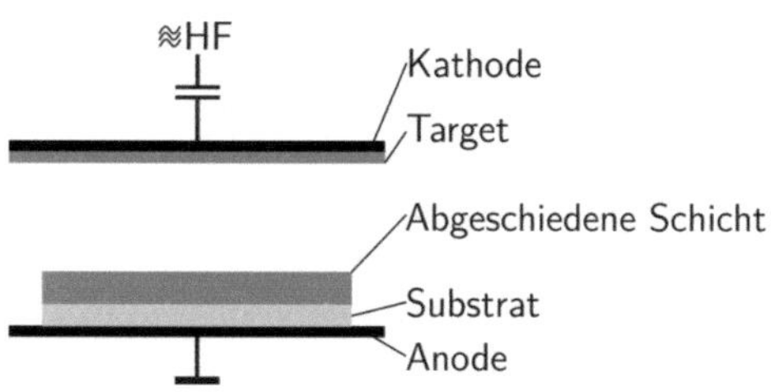

Abb. 2.4.: Prinzip des HF-Sputterns.

Eine Möglichkeit, den Ionisierungsgrad des Plasmas und damit die Zahl der gesputterten Atome zu erhöhen, ist das Magnetronsputtern. Es wird auch als Hochleistungskathodenzerstäubung bezeichnet. Dafür wird hinter der Kathode mit dem darauf angebrachten Target ein System aus Permanentmagneten mit einer Stärke von einigen 0,01 T angebracht. Durch die Anordnung der Permanentmagnete hinter dem Target kommt es zu einer Überlagerung des elektrischen Feldes E der Glimmentladung mit einem Magnetfeld B. Abbildung 2.5 zeigt den typischen Aufbau einer Magnetron-Kathode. Das Magnetfeld durchdringt die Kathodenplatte und es entsteht eine Art magnetische Flasche, also ein torusförmiger Verlauf der magnetischen Feldlinien oberhalb des

Targets. Dadurch kommt es zum Einschluss des Plasmas vor dem Target. Die Sekundärelektronen werden, ausgelöst durch das Auftreffen der Sputterionen, zusammen mit Elektronen des Plasmas in Targetnähe konzentriert. Die erhöhte Elektronendichte führt dazu, dass vor dem Target mehr Sputtergasatome ionisiert werden. Durch den erhöhten Ionisierungsgrad wird die Anzahl abgestäubter Targetatome stark erhöht.

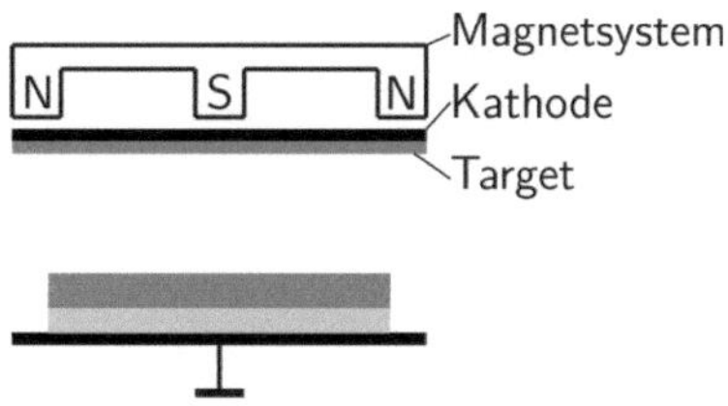

Abb. 2.5.: Aufbau einer Magnetron-Kathode.

Die $\vec{E} \times \vec{B}$-Drift führt dazu, dass sich die Elektronen nicht mehr ausschließlich parallel zu den elektrischen Feldlinien bewegen, sondern auf Zykloidbahnen um die magnetischen Feldlinien herum. Die Ionen werden dabei aufgrund ihrer viel größeren Masse von dem relativ schwachen Magnetfeld nicht beeinflusst. Die Elektronen fließen nicht mehr direkt zum Substrat (DC-Sputtern), sondern zu einer speziellen Anode oder zur Rezipientenwand. Dadurch wird der direkte Substratbeschuss mit hoch energetischen Elektronen vermindert und auf diese Weise die Substrattemperatur abgesenkt.

Die erhöhte Ladungsträgerdichte vor dem Target führt zu einer Reduzierung der Plasmaimpedanz und der DC-Entladungsspannung auf rund 200 bis 600 V. Dadurch kann die Targetbelastbarkeit deutlich erhöht werden. Die maximale Targetbelastbarkeit beträgt beim DC-Sputtern zwischen 5 und $10\,\mathrm{W/cm^2}$ und kann durch eine Magnetron-Kathode auf bis zu $25\,\mathrm{W/cm^2}$ [23] erhöht werden.

Ein Nachteil, der sich durch den Aufbau der Magnetron-Kathode ergibt, ist der ungleichmäßige Materialabtrag vom Target (Targeterosion). Am größten ist der Abtrag dort, wo die Vertikalkomponente des Magnetfeldes Null ist, also der Ionisierungsgrad des Plasmas am größten ist. Durch den Abtrag des Targets ändert sich die wirksame Induktion B, was zu einem steigenden Ionisierungsgrad und somit zum Sinken der Plasmaimpedanz und der Kathodenspannung führt. Um aber reproduzierbare Ergebnisse zu erhalten, muss B an der Targetoberfläche konstant gehalten werden. Dies wird durch das Nachführen der Magnete in Abhängigkeit vom Targetabtrag erreicht [24].

Neben dem verminderten Substratbeschuss mit Elektronen, erhöht ein Magnetron-System auch den nutzbaren Druckbereich. Durch den höheren Ionisierungsgrad brennt die selbstständige Entladung auch bei niedrigen Drücken im Bereich von 10^{-1} Pa.

Der Prozessdruck ist neben der Temperatur einer der einflussreichen Parameter für das Schichtwachstum und die Schichteigenschaften. Ein geringerer Prozessdruck führt zu weniger Stößen des abgestäubten Materials mit den Gasteilchen, also zu einer geringeren Streuung des schichtbildenen Materials auf dem Weg zum Substrat. Dieser Effekt äußert sich in besserer Schichthaftung und führt zu dichteren, weniger porösen Schichten.

Die Schichtbildung erfolgt beim Sputtern aus dem vom Target abgetragenen Material. Die Beschichtungsrate ist dabei abhängig von der Temperatur, dem Prozessdruck und der Sputterausbeute. Es ist möglich, eine Vielzahl von Materialien wie Metalle oder Isolatoren abzuscheiden [23, 25, 26].

Eine enorme Erweiterung der Möglichkeiten stellt das reaktive Sputtern dar. Zusätzlich zum Sputtergas Argon wird ein Reaktivgas, z. B. Sauerstoff oder Stickstoff, eingelassen. So lässt sich durch Sputtern eines Aluminiumtargets in einem Argon-Sauerstoff-Plasma eine Schicht aus Al_2O_3 abscheiden.

Da die Targetoberfläche durch Rückstäubung an den Targeträndern ebenfalls beschichtet wird, führt das beim reaktiven Sputtern zur Abscheidung von isolierenden Schichten auf dem Target. Durch den Beschuss mit Ladungsträgern aus dem Plasma, laden sich diese Schichten elektrisch auf. Ist die Aufladung groß genug, kann es dadurch zu einem lokalen Umschlag in eine Bogenentladung kommen, dem sogenannten Arc. Diese Bogenentladung führt neben Prozessschwankungen (Spannungseinbruch verursacht Änderung der Plasmaimpedanz) dazu, dass die Targetoberfläche lokal aufgeschmolzen wird. Spritzer aus flüssigem Targetmaterial gelangen zur Substratoberfläche und führen somit zu Defekten in der Schicht.

Um das Auftreten dieser Arcs zu vermeiden, wird die DC-Spannung gepulst und die Aufladung der isolierenden Schichten auf dem Target dadurch regelmäßig unterbrochen. Die Pulsfrequenz liegt beim Pulssputtern typischerweise zwischen 10 und 100 kHz, dem sogenannten Mittelfrequenzbereich (MF) [27]. Während der Puls-aus-Zeit rekombinieren die angesammelten Ladungsträger mit Ladungsträgern aus dem Plasma. Dadurch wird die Ursache möglicher Bogenentladungen beseitigt. Zusätzlich zur gepulsten Energieeinspeisung verfügen moderne Spannungsversorgungen über Mechanismen, den Spannungseinbruch beim Auftreten eines Arcs zu erkennen und kurzzeitig die Entladungsspannung abzuschalten, um die Energie im Arc zu minimieren.

2.1.4. Magnetron-PECVD-Prozess

Beim Magnetron-PECVD-Prozess wird zur Erzeugung und Steuerung des Plasmas anstelle der weit verbreiteten HF- oder Mikrowellenanregung für PECVD-Prozesse eine Magnetron-Sputterquelle eingesetzt.

Durch den Einsatz eines gepulst betriebenen Magnetrons als Plasmaquelle eines PECVD-Prozesses ergeben sich im Vergleich mit anderen PECVD-Verfahren eine Reihe von grundsätzlichen Unterschieden:

- Der Druckbereich des Magnetron-PECVD-Prozesses liegt mit Werten um 1 Pa wesentlich niedriger als bei anderen PECVD-Prozessen.
- Der gepulste Betrieb der Magnetron-Entladung bewirkt einen sehr hohen Ionenstrom zum Substrat und eine hohe Ionenenergie [28, 29].
- Verglichen mit anderen Plasmaprozessen liegt das Maximum der Energieverteilung der Elektronen bei höheren Energien.

Durch die Magnetfeld-unterstützte Entladung kommt es zu einer Erhöhung des Ionisationsgrades, d.h. einer höheren Ladungsträgerdichte, als bei sonst üblichen PECVD-Prozessen. Der Magnetron-PECVD-Prozess kann daher auch bei geringen Drücken (z. B. 0,2 Pa) betrieben werden, ohne dass die Entladung verlischt. Dies ist bei der Kombination von einem PVD- und einem PECVD-Prozess an zwei aufeinander folgenden Beschichtungsstationen in einer Inline-Anlage vorteilhaft. Durch diese Druckabsenkung ist keine so aufwendige Vakuumtrennung zwischen den Prozessstationen nötig, da durch das Magnetron der PECVD-Prozessdruck in den Bereich von PVD-Prozessen (Sputtern) abgesenkt werden kann.

2.2. Amorphes Silizium

2.2.1. Aufbau und Eigenschaften

Kristallines Silizium besteht aus einem Kristallgitter, in dem jedes Siliziumatom über vier Bindungspartner verfügt. Diese sind in der Form eines Tetraeders angeordnet. Die Bindungswinkel und -längen zwischen den Siliziumatomen sind konstant. Die Zustandsdichte der Ladungsträger weist in kristallinem Silizium einen verbotenen Bereich, die sogenannte Bandlücke, auf. Die Größe dieser Bandlücke ist für die elektronischen und optischen Eigenschaften des Halbleiters verantwortlich. Während kristallines Silizium über eine Nah- und Fernordnung verfügt, weist amorphes Silizium nur eine Nahordnung auf. In amorphem Silizium gibt es zwischen den Siliziumatomen keine konstanten Bindungslängen und Bindungswinkel, so dass auf diese Weise nicht abgesättigte Bindungen (Dangling Bonds) auftreten können.

Um die Dangling Bonds abzusättigen, wird dem Prozessgas und somit auch der amorphen Siliziumschicht während des Herstellungsprozesses Wasserstoff zugesetzt. Dadurch kommt es zu einer deutlichen Verbesserung der elektronischen Eigenschaften wie z.B. der Ladungsträgerlebensdauer. Der Aufbau von kristallinem und amorphem Silizium ist schematisch in Abbildung 2.6 dargestellt.

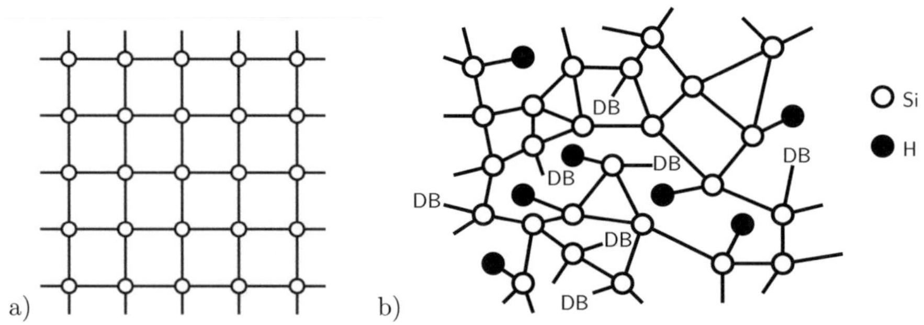

Abb. 2.6.: Bindungsverhältnisse in a) kristallinem und b) amorphem Silizium (nach [30]), DB Dangling Bond.

Durch die fehlende Fernordnung in amorphem Silizium existiert keine scharf definierte Bandlücke. Die Zustandsdichte der Elektronen ist von der Kante des Valenz- bzw. Leitungsbandes (E_V^{mob} bzw. E_C^{mob}) zur Mitte der Bandlücke hin exponentiell abfallend. Wegen dieser Bandausläufer spricht man statt von einer Bandlücke auch von einer Beweglichkeitslücke (Abbildung 2.7).

Die Größe der Beweglichkeitslücke kann aus dem Verlauf der optischen Absorption mit einem graphischen Verfahren, dem sogenannten Tauc-Plot, bestimmt werden [32]. Der Wert wird daher auch als E_{Tauc} bezeichnet (siehe Abschnitt 4.3.2).

E_{Tauc} beträgt für amorphes Silizium mit intrinsischer Ladungsträgerdichte etwa 1,8 eV. Die Beweglichkeitslücke trennt ausgedehnte Zustände außerhalb und lokalisierte Zustände innerhalb der Lücke. Die Ladungsträger der ausgedehnten Zustände sind frei beweglich und leisten den Hauptbeitrag zur Leitfähigkeit. Ein Beitrag zum Stromtransport durch Ladungsträger der lokalisierten Zustände findet durch sogannntes Hopping statt. Dieser Effekt dominiert bei tiefen Temperaturen.

Die offenen Bindungen (Dangling Bonds) führen entsprechend Abbildung 2.7 zu Zuständen in der Mitte der Bandlücke. Diese Defekte haben amphoteren Charakter, das heißt, dass sie sowohl neutral, positiv als auch negativ geladen sein können. Ein positiv geladener Dangling Bond ist ein Siliziumatom, dass eines seiner Valenzelektronen, welches nicht für eine Bindung verwendet wird, abgegeben hat. Ein negativer Dangling Bond entsteht durch die Anlagerung eines zusätzlichen Elektrons an das freie Valenzelektron. Wird das freie Elektron nicht abgegeben und kommt es auch nicht zur Anlagerung eines weiteren Elektrons, ist der Dangling Bond neutral. Wie bereits erwähnt wurde, kann ein Großteil der Dangling Bonds durch die Zugabe von Wasserstoff während des Herstellungsprozesses passiviert werden.

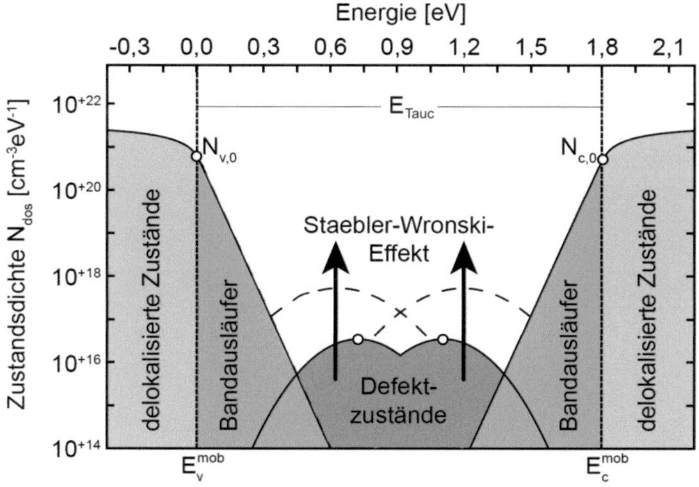

Abb. 2.7.: Darstellung der Zustandsdichte der Ladungsträger in amorphem Silizium und die Auswirkungen des Staebler-Wronski-Effektes (nach [31]). Beweglichkeitslücke $E_{Tauc} = E_c^{mob} - E_v^{mob} \approx 1,8eV$. E_c^{mob} und E_v^{mob} bezeichnen die Beweglichkeitskanten des Leitungs- und des Valenzbandes. Diese grenzen die delokalisierten Zustände der Bänder von den lokalisierten Zuständen in der Beweglichkeitslücke ab.

Ist amorphes Silizium von den Schichteigenschaften her für den Aufbau von Dünnschichttransistoren oder Dünnschichtsolarzellen geeignet, spricht man von Device-Grade-Material. Dafür darf die Defektdichte von amorphem Silizium $10^{16}\mathrm{cm}^{-3}$ nicht überschreiten [30]. Dotiert man amorphes Silizium zum Beispiel mit Bor oder Phosphor, liegen allerdings häufig Defektdichten von bis zu $10^{19}\mathrm{cm}^{-3}$ vor [6].

Defekte im Silizium werden als Si_z^q bezeichnet. Si steht dabei für ein Atom, dass eine Tetraeder-ähnliche Struktur bildet, wobei z die Koordinationszahl und q der Ladungszustand sind. Ein einfacher ungeladener Dangling Bond wird somit als Si_3^0 bezeichnet. Positiv und negativ geladene Dangling Bonds werden mit Si_3^+ und Si_3^- gekennzeichnet. Die normale Silizium-Bindungskonfiguration wird mit Si_4^0 bezeichnet [33]. Das Einfangen von photogenerierten Ladungsträgern, Elektronen (e^-) und Löchern (h^+) durch Dangling Bonds kann damit folgendermaßen beschrieben werden:

$$Si_3^0 + e^- \Rightarrow Si_3^-, \tag{2.15}$$

$$Si_3^0 + h^+ \Rightarrow Si_3^+. \tag{2.16}$$

Das Verständnis des Verhaltens von Dangling Bonds und deren Entstehung bei der Bestrahlung mit Licht bilden eine wichtige Voraussetzung, um die Langzeitstabilität von amorphen sowie von mikrokristallinen Siliziumschichten zu verbessern. Staebler und Wronski [34] beschrieben 1977 erstmals die lichtinduzierte Degradation von amorphem Silizium (Staebler-Wronski-Effekt). Durch die andauernde Bestrahlung mit Licht kommt es zur Degradation, also zu einer Abnahme der Dunkel- und der Hellleitfähigkeit um annähernd vier Größenordnungen. Eine Änderung im Absorptionsspektrum wurde dabei jedoch nicht beobachtet. Es konnte ein empirischer Zusammenhang zwischen der Hellleitfähigkeit σ_{hell} und der Beleuchtungsstärke F festgestellt werden:

$$\sigma_{hell} \propto F^{\gamma}. \tag{2.17}$$

Vor der Beleuchtung hat γ einen Wert von 0,5, nach der Beleuchtung liegt der Wert bei 0,9. Diese Änderung von γ deutet auf einen starken Unterschied in der Rekombinationskinetik der Ladungsträger in diesen beiden Zuständen hin.

Phänomenologisch ist die Degradation bei der Bestrahlung mit Licht durch eine Zunahme der Zustandsdichte in der Mitte der Bandlücke zu verstehen. Diese Zustände wirken als Rekombinationszentren und führen dadurch zu einer kürzeren Lebensdauer der Ladungsträger, die durch die Absorption von Licht generiert wurden. Dies verursacht die Degradation bzw. Abnahme der Hellleitfähigkeit. Zusätzlich kommt es durch diese Zustände zu einer Verschiebung des Ferminiveaus weg von der Leitungsband-Beweglichkeitskante (engl.: Mobility Edge). Diese Verschiebung führt zu der beobachteten Degradation der Dunkelleitfähigkeit.

Der Auslöser für den Staebler-Wronski-Effekt sind rekombinierende Ladungsträger und die dabei frei werdende Energie. Diese ist unter anderem die Ursache für freie Bindungen in der Mitte der Bandlücke, die als Rekombinationszentren für Ladungsträger wirken:

1. Durch Bestrahlung der Siliziumschicht mit Licht werden Ladungsträgerpaare (Elektronen und Löcher) erzeugt. Kommt es in der Nähe einer schwachen Si-Si-Bindung zur Rekombination von einem Elektron und einem Loch, führt die frei gewordene Energie zum Aufbrechen dieser Bindung. Die Zunahme der Anzahl aufgebrochener Si-Bindungen ist dabei proportional zu $\phi^{2/3}t^{1/3}$ mit dem Photonenfluss ϕ und der Beleuchtungsdauer t [35].

2. Durch die Energie, die bei der Rekombination von Ladungsträgern frei wird, können auch Si-H-Bindungen aufgebrochen werden. Der dabei frei gewordene Wasserstoff kann wiederum weitere Si-Si-Bindungen aufbrechen und sie zu einer Si-H-Bindung sowie einer offenen Si-Bindung umformen. Demzufolge ist der Wasserstoffgehalt in der Siliziumschicht ein entscheidender Faktor für die Degradation [36].

3. Die in den ersten beiden Punkten genannten Effekte sind reversibel. Hohe Temperaturen von mehr als 150 °C führen zu einer thermisch aktivierten Schließung von zwei offenen benachbarten Si-Bindungen, die nach Punkt 1 entstanden sind [37].

Starke elektrische Felder (0,2 MV/cm) bewirken eine Drift von Wasserstoffionen und unterstützen somit die Ausheilung der nach Punkt 2 entstandenen Defekte [38].

In Tabelle 2.1 sind die Schichteigenschaften wie Leitfähigkeit (σ_{hell}, σ_{dunkel}), Photoempfindlichkeit ($\sigma_{hell}/\sigma_{dunkel}$), Wasserstoffgehalt, Mikrostrukturparameter (R^*) und Bandlücke (E_{Tauc}) von Device-Grade-Material zusammengefasst. Die angegebenen Werte stellen zugleich den Zielbereich der vorliegenden Arbeit dar. Der Mikrostrukturparameter beschreibt, auf welche Weise Wasserstoff in der Schicht gebunden ist. Er ist als das Verhältnis von SiH_2- und SiH_3-Bindungen zu allen SiH_n-Bindungen ($n = 1 \ldots 3$) definiert (Abschnitt 4.3.3). E_{Tauc} bezeichnet die Größe der Bandlücke, bestimmt mit der Methode nach Tauc [32] (Abschnitt 4.3.2).

Tab. 2.1.: Eigenschaften von amorphem Silizium in Device-Grade-Qualität. (Die Messung der Hellleitfähigkeit erfolgt unter der Bestrahlung mit einem genormten Spektrum, welches *AM* genannt wird. *AM* steht für *Air Mass* und ist definiert als das Verhältnis einer durch das Licht zurückgelegten Weglänge durch die Erdatmosphäre bis zur Erdoberfläche und der minimalen Weglänge bei senkrechtem Lichteinfall. Ein schräger Einfall des Sonnenlichts hat eine Verminderung der Strahlungsleistung und eine Änderung des Spektrums zur Folge. Für Messungen wurden verschiedene Sonnenspektren definiert. Das Spektrum außerhalb der Erdatmosphäre wird mit $AM0$ bezeichnet. Steht die Sonne im Zenit und tritt senkrechter Lichteinfall auf, spricht man vom $AM1$-Spektrum. Das Standardspektrum zur Vermessung von Solarmodulen ist $AM1,5$, welches bei einem Einfallswinkel von 48° auftritt [6].)

Eigenschaft	Anforderung
Dunkelleitfähigkeit	$< 1 \times 10^{-10}\,\Omega^{-1}\mathrm{cm}^{-1}$
Hellleitfähigkeit ($AM1{,}5$ mit $100\,\mathrm{mW/cm^2}$)	$> 1 \times 10^{-5}\,\Omega^{-1}\mathrm{cm}^{-1}$
Hell-/Dunkelleitfähigkeit	$> 10^5$
Wasserstoffgehalt	9 ... 11 at.-%
Mikrostrukturparameter R^*	$< 0{,}1$
Tauc-Gap E_{Tauc}	$< 1{,}8\,\mathrm{eV}$

2.2.2. Schichtwachstum im PECVD-Prozess

Der Abscheideprozess von Silizium im PECVD-Prozess lässt sich in vier Schritte unterteilen (Abbildung 2.8).

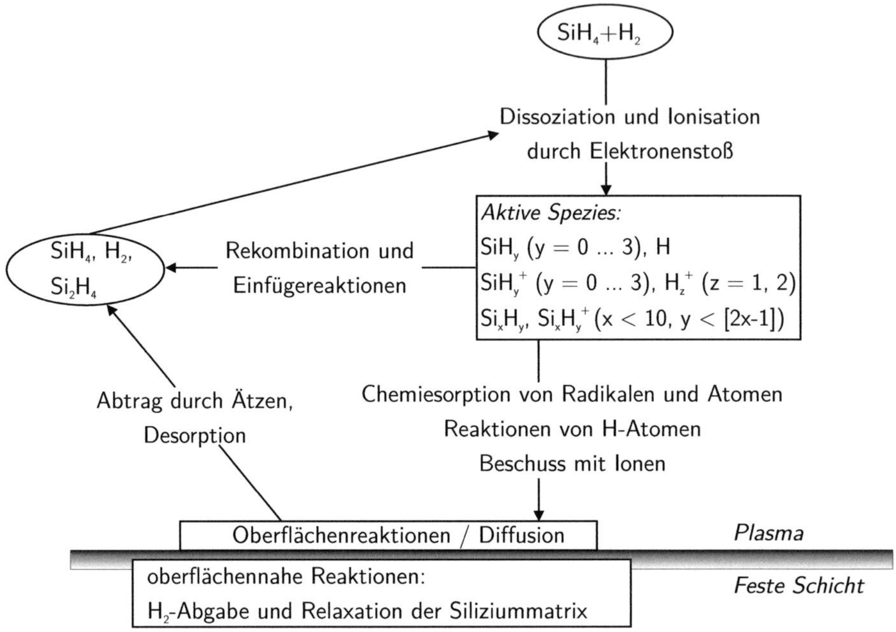

Abb. 2.8.: Ablaufende Prozesse bei der Abscheidung einer Siliziumschicht aus einem Silan-Wasserstoff-Plasma (nach [6]).

Schritt 1: Dissoziation und Ionisation

Die Hauptreaktion und somit Ausgangspunkt für die Schichtbildung ist die Dissoziation und Ionisation von Silan (SiH_4) im Plasma durch Elektronenstoß. Dabei entstehen neutrale Radikale und Moleküle, positive und negative Ionen sowie Elektronen. Eine Auswahl an möglichen Reaktionen ist in Tabelle 2.2 dargestellt.

Das SiH_3-Radikal besitzt dabei die niedrigste Bildungsenergie von 8,75 eV (Abbildung 2.9) und die längste Lebensdauer im Plasma. Die Entstehung von SiH und SiH_2 erfolgt bei Energien von 9,47 und 10,33 eV. Die etablierten Modelle zum Verhalten von Silan gehen davon aus, dass das SiH_3-Radikal den Hauptbeitrag für die Schichtbildung leistet [39, 40].

Tab. 2.2.: Primär- und Sekundärreaktionen im Silan-Plasma [41].

Ausgangsstoffe	Primärreaktionen	Sekundärreaktionen
$e + SiH_4 \rightarrow$	$SiH_4 + e$	$SiH_4 + H \rightarrow SiH_3 + H_2$
	$SiH_3 + H + e$	$SiH_3 + SiH_4 \rightarrow SiH_4 + SiH_3$
	$SiH_2 + H_2 + e$	$SiH_4 + SiH_2 \rightarrow Si_2H_6$
	$SiH + H_2 + H + e$	$SiH_4 + Si_2H_6 \rightarrow Si_nH_m$
	$SiH_2^+ + H_2 + 2e$	
	$SiH_3^+ + H + 2e$	
	$SiH_2^- + H_2$	
	$SiH_3^- + H$	

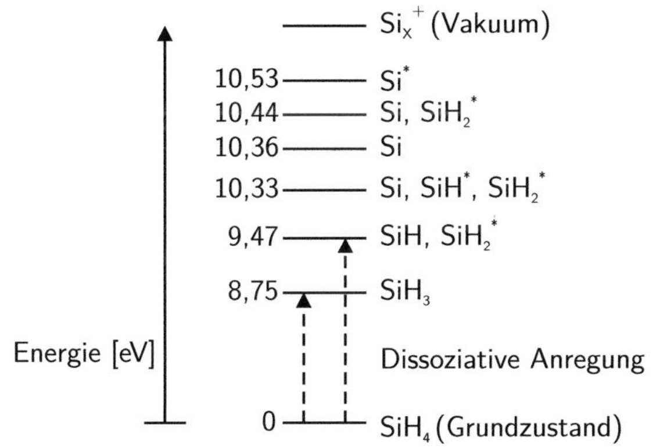

Abb. 2.9.: Energien für die Silandissoziation durch Elektronenstöße (nach [40]).

Schritt 2: Diffusion der Radikale zum Substrat

Im nächsten Schritt kommt es zur Diffusion der Radikale zum Substrat. Auf dem Weg zum Substrat sind die Radikale zahlreichen Sekundärreaktionen ausgesetzt. SiH_2 reagiert zum Beispiel durch eine Einfügereaktion mit Silan zu einem höheren Silan (Si_2H_6). Durch die zahlreichen Primär- und Sekundärreaktionen zwischen Molekülen, Ionen und Radikalen (Tabelle 2.2) werden die strukturellen und elektronischen Eigenschaften der abgeschiedenen Schicht bestimmt. Ab einem bestimmten Prozessdruck kann es während der Diffusion der schichtbildenden Teilchen auch zu Volumenreaktionen im Plasma kommen. Diese sind für den Druckbereich des Magnetron-PECVD-Prozesses von rund 1 Pa nicht zu erwarten.

Schritt 3: Oberflächenreaktionen und Schichtbildung

Der dritte Schritt ist durch Oberflächenreaktionen aller auf die Schicht auftreffenden Spezies bestimmt. Die Radikale diffundieren über die Oberfläche bis ein energetisch günstiger Platz erreicht ist und es zu einer chemischen Bindung kommt. Die Oberfläche der aufwachsenden Schicht ist fast vollständig durch Wasserstoff abgesättigt. Das SiH_3-Radikal mit der größten Teilchendichte aller Radikale im Plasma (Abbildung 2.10) kann somit nicht direkt an der wachsenden Oberfläche gebunden werden, da eine freie Silizium-Bindung benötigt wird. Dies geschieht über einen Zwischenschritt, in dem ein Wasserstoffatom entweder durch thermische Desorption oder durch die Reaktion mit einem SiH_3-Radikal zu SiH_4 wieder von der Oberfläche entfernt wird. Der Beitrag anderer Radikale wie SiH_2 oder SiH zum Schichtwachstum ist sehr gering, da ihre Teilchendichte im Plasma nicht sehr groß ist (Abbildung 2.10). Parallel zum Schichtwachstum wird ein Teil der aufwachsenden Schicht durch atomaren Wasserstoff wieder rückgeätzt, indem er schwache Si-Si-Bindungen aufbricht. Das Verhältnis von Schichtabscheidung und Rückätzen bestimmt dabei die Beschichtungsrate.

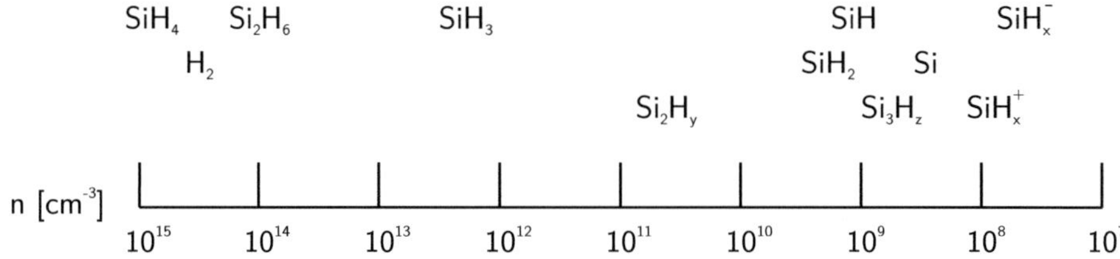

Abb. 2.10.: Teilchenzahldichte der Spezies in einem Silan-Wasserstoff-Plasma mit HF-Anregung (nach [41]).

Schritt 4: Entspannung der Siliziummatrix durch Umordnungsprozesse

Der vierte Schritt ist durch die Freisetzung von Wasserstoffmolekülen in der Wachstumszone und eine damit verbundene Entspannung der Siliziummatrix gekennzeichnet [6].

a. Rolle des Wasserstoffes

Im Abschnitt 2.2.1 wurde schon darauf hingewiesen, dass dem Wasserstoff entscheidende Bedeutung bei der Schichtbildung und somit für die Schichteigenschaften zukommt. Grundsätzlich können durch den Einlass von Wasserstoff zusätzlich zum Silan die

Schichteigenschaften, z.B. die Leitfähigkeit, stark verbessert werden. Dabei spielen eine ganze Reihe von Effekten ein Rolle:

- Der im Plasma entstandene atomare Wasserstoff diffundiert zur aufwachsenden Schicht und bricht schwache Silizium-Silizium-Bindungen auf. Durch diesen Rückätzprozess werden energetisch weniger stabile Bindungen wieder entfernt, so dass es zum Aufbau eines dichteren Netzwerkes kommt [42].
- Im Plasma kommt es zu Reaktionen von atomarem Wasserstoff mit für die Schichtbildung ungünstigen Radikalen wie z. B. SiH_2. Der vermehrte Beitrag dieser Radikale zur Schichtbildung führt zu einer ausgeprägten Mikrostruktur, z.B. zur Entstehung von Fehlstellen (sogenannte Voids) [43].
- Durch die Sättigung der Schichtoberfläche mit Wasserstoff kommt es zu einer Vergrößerung der Oberflächendiffusionslänge der schichtbildenden Radikale (hauptsächlich SiH_3). Dadurch erhöht sich die Wahrscheinlichkeit, dass ein energetisch günstiger Bindungsplatz eingenommen wird [44].
- Wasserstoffatome diffundieren aus dem Plasma in die oberflächennahe Wachstumszone und führen zu einem Umbau des Siliziumnetzwerkes in ein dichteres Netzwerk [45].
- Wasserstoffionen, die ebenfalls durch Elektronenstoß entstehen, unterstützen den Netzwerkumbau in oberflächennahen Schichten. Es kommt zum Eintrag kinetischer Energie beim Beschuss der aufwachsenden Schicht mit Wasserstoffionen. Desweiteren induzieren Wasserstoffionen eine Desorption von Wasserstoff aus der Schicht. Das hat eine Reduktion des Wasserstoffgehaltes zur Folge [6].
- Es erfolgt eine Absättigung von Dangling Bonds [33].

b. Rolle von Ionen bei der Schichtbildung

Obwohl die Dichte der Ionen und ihre mittlere Energie in einem Silan-Wasserstoff-Plasma geringer als die der Radikale ist, muss ihr Einfluss berücksichtigt werden. Für ein typisches Silan-Wasserstoff-Plasma einer HF-Entladung betragen die Dichten für neutrale Spezies $10^{16}cm^{-3}$, für Radikale $10^{14}cm^{-3}$ und für Ionen $10^{10}cm^{-3}$ [46]. Dabei unterscheidet sich die Energie der einzelnen Spezies stark. Für neutrale Spezies, Radikale und energiearme Ionen werden Energien um 0,1 eV genannt. Dagegen verfügen energiereiche Ionen, die das Substrat und die Kammerwände erreichen können, über Energien zwischen 1 und 100 eV.

In [47] wurde der Einfluss der Ionen auf die Schichteigenschaften untersucht. Durch eine Erhöhung der Anregungsfrequenz von 13,56 MHz auf bis zu 100 MHz kommt es zu einer Zunahme der Beschichtungsrate. Die Zunahme ist dabei vom Produkt $(p \cdot D)$

aus Druck p und Elektrodenabstand D abhängig und bei geringem Druck größer. Mit einem Massenspektrometer wurden die Anteile der verschiedenen Spezies im Abgasstrom gemessen. Dabei stellte sich heraus, dass die Anzahl der Spezies unabhängig von der Anregungsfrequenz ist. Bei einer höheren Frequenz tritt also kein höherer Silanverbrauch auf, so dass die Zunahme der Rate nicht durch eine Zunahme der Anzahl der Radikale erklärbar ist. Es ergab sich jedoch eine Korrelation zwischen der Selbstbiasspannung und der Beschichtungsrate. Ionen aus dem Plasma werden durch die Selbstbiasspannung auf das Substrat beschleunigt. Das heißt, dass Oberflächenreaktionen, die durch Ionenbeschuss beeinflusst werden, eine Rolle spielen. Desweiteren wird in [47] beschrieben, dass es beim Beschuss der wachsenden Schicht mit Ionen mit einer Energie von mehr als 100 eV zur Dehydrogenisierung der Oberfläche kommt.

2.3. Mikrokristallines Silizium

Analog zum Schichtwachstum von amorphen Siliziumschichten kommt auch bei der Bildung einer mikrokristallinen Struktur dem Wasserstoff eine Schlüsselrolle zu. Zur Abscheidung von mikrokristallinem Silizium ist es notwendig, Silan sehr stark mit Wasserstoff zu verdünnen. Anders ausgedrückt wird der Silangehalt im Silan-Wasserstoff-Gemisch stark reduziert. Die Abscheidung von mikrokristallinem Silizium erfolgt dann unterhalb eines bestimmten Silangehaltes

$$X_{SiH_4} = \frac{q_{SiH_4}}{q_{SiH_4} + q_{H_2}}, \tag{2.18}$$

wobei X_{SiH_4} das Verhältnis des Silanflusses q_{SiH_4} zur Summe der Flüsse von Silan und Wasserstoff $q_{SiH_4} + q_{H_2}$ bezeichnet. Oberhalb der Schwelle werden amorphe Schichten abgeschieden. Die Schwelle ist dabei vom verwendeten Reaktor und den Abscheideparametern abhängig. In [48] wurde für einen VHF-PECVD-Prozess gezeigt, dass es möglich ist, die Schwelle X_{SiH_4} durch die Wahl der Prozessparameter von 2,5 auf bis zu 50 zu verschieben (Abbildung 2.11).

Zur Erklärung des mikrokristallinen Wachstums werden in der Literatur drei verschiedene Modelle verwendet:

- Ätzmodell:
  Der Kern dieses Modells betrachtet das Rückätzen von Silizium an der Schichtoberfläche durch atomaren Wasserstoff. Dabei kommt es zur Bildung von SiH_4. Der amorphe Anteil wird aufgrund der geringeren Bindungskräfte stärker abgetragen als der kristalline Anteil. Dadurch wird das kristalline Wachstum überdurchschnittlich bevorzugt. Ausgangspunkt dafür ist, dass die Beschichtungsrate durch eine stärkere Verdünnung von Silan in Wasserstoff reduziert wird. Durch atomaren Wasserstoff, der auf die Oberfläche der wachsenden Schicht auftrifft, werden Si-Si-Bindungen aufgebrochen. Dabei handelt es sich überwiegend um schwache

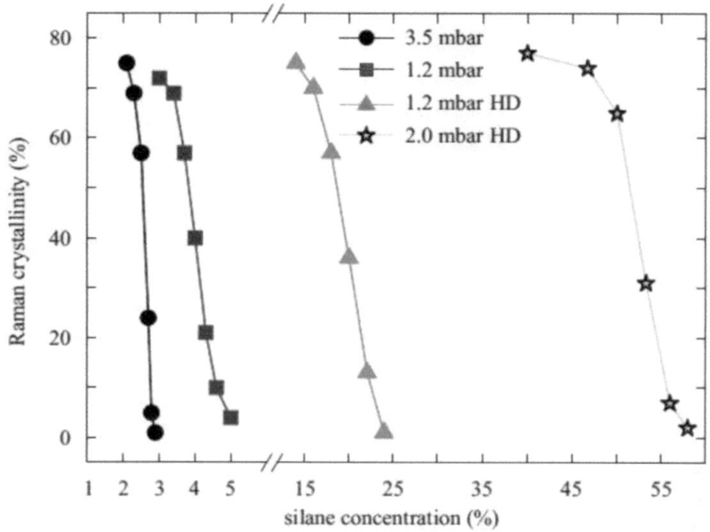

Abb. 2.11.: Raman-Kristallinität von mikrokristallinen Siliziumschichten in Abhängigkeit von der Silankonzentration für vier verschiedene Beschichtungsbedingungen [48]. Druckvariation von 1,2 bis 3,5 mbar durch Veränderung des Gesamtgasflusses abgeschieden mit VHF-PECVD. HD (High Silane Depletion) steht für ein Prozessregime mit hoher Silankonzentration X_{SiH_4}.

Si-Si-Bindungen als Bestandteil der amorphen Phase. Die dadurch entstandene freie Bindung wird von einem neuen Radikal besetzt und es bildet sich eine starke Si-Si-Bindung als Bestandteil der kristallinen Phase [49]. Durch stärkeres Ätzen und damit einer geringeren Beschichtungsrate, kommt es durch Umordnungsprozesse, die bei hoher Rate durch die schnelle Bedeckung nicht so gut möglich sind, auch zu einer Zunahme der Kristallitgröße.

- Modell der chemischen Ausheilung:
  Dieses Modell basiert auf der Bildung von Kristalliten bei der Behandlung einer amorphen Schicht mit einem reinen Wasserstoffplasma. Eine mikrokristalline Schicht entsteht dann, wenn nacheinander mehrere Monolagen einer amorphen Schicht einem Wasserstoffplasma ausgesetzt werden. Während der Einwirkung des Wasserstoffplasmas diffundieren viele Wasserstoffatome in die Wachstumszone der Schicht. Dort kommt es zu einem Umbau des Netzwerkes und zur Kristallisation des amorphen Gefüges. Dabei findet kein Abtrag von Silizium durch Ätzen statt [50].

- Oberflächendiffusionsmodell:
  Es wurde beobachtet, dass es mit der Abnahme vom Silangehalt im Silan-Wasserstoff-Gemisch (Abnahme von X_{SiH_4}) zu einer Zunahme des kristallinen Volumenanteils der Schicht kommt. Höhere Substrattemperaturen während der Beschichtungen führen ebenfalls zur Ausbildung eines größeren kristallinen Anteils in der amorphen Schicht. Heizt man die Substrate, so dass die Temperatur einen kritischen Wert überschreitet, kommt es dagegen zu einer rapiden Abnahme des kristallinen Anteils. Alle diese Zusammenhänge lassen sich mit der Diffusion von Radikalen an der Schichtoberfläche erklären. Dabei führt eine mit Wasserstoff bedeckte Schichtoberfläche zu einer größeren Oberflächendiffusionslänge für die schichtbildenden Radikale und damit zu einer Zunahme des kristallinen Anteils. Die Oberflächendiffusion wird allerdings durch auftreffende Ionen und durch Oberflächen-Dangling-Bonds gestört. Oberflächen-Dangling-Bonds treten vermehrt bei zu hohen Substrattemperaturen auf, was den Abfall des kristallinen Anteils oberhalb einer bestimmten Temperatur erklärt. Die Zunahme des kristallinen Anteils mit steigender Temperatur bis zur kritischen Temperatur wird ebenfalls mit einer erhöhten Oberflächendiffusionslänge erklärt [44].

Matsuda [51] unterzog alle genannten Modelle einer kritischen Überprüfung. Eine gute experimentelle Bestätigung konnte insbesonders für das Oberflächendiffusionsmodell erbracht werden. Das Ätzmodell und das Modell der chemischen Ausheilung hingegen erwiesen sich als unzureichend, um die Bildung von mikrokristallinem Silizium zu erklären.

3. Verfahren zur Abscheidung von amorphen und mikrokristallinen Siliziumschichten

In diesem Kapitel wird ein Überblick über den Stand der Technik zur Abscheidung von amorphem und mikrokristallinem Silizium gegeben. Das bisher überwiegend benutzte Verfahren ist die HF-PECVD-Technik mit einer Anregungsfrequenz von 13,56 MHz. Zur Erhöhung der Beschichtungsrate wurden HF-Verfahren mit höheren Frequenzen (VHF-PECVD) untersucht. Die Beschichtungsraten der in der Produktion eingesetzten Prozesse liegen im Bereich von wenigen nm/s.

Neben den HF- bzw. VHF-Verfahren gibt es noch eine Reihe von anderen Ansätzen. Eines davon ist die Hot-Wire-CVD [52]. Dabei wird ein geheizter Draht (Filament) eingesetzt. Der Prekursor Silan wird über das 1900 °C heiße Filament geleitet und dabei thermisch zersetzt und aktiviert. Dieser Gasstrom gelangt zum Substrat und kondensiert dort zur Schicht. Damit können Photoempfindlichkeiten $\sigma_{hell}/\sigma_{dunkel}$ von ca. 10^5 erreicht werden. Die Beschichtungsrate beträgt dabei bis zu 2,9 nm/s [53].

Das Plasma von PECVD-Verfahren kann auch mit Mikrowellen (MW-PECVD) angeregt werden. Als Anregungsfrequenzen werden dabei 915 MHz oder 2,45 GHz eingesetzt [54, 55]. Damit können vergleichsweise hohe Beschichtungsraten erreicht werden. In [54] wird z. B. eine Rate von 4,7 nm/s für mikrokristallines Silizium berichtet. Ein entscheidender Nachteil der Mikrowellenanregung ist jedoch die relativ schwierige Anpassung der Mikrowellenquelle an die Kammergeometrie.

Trotz der höheren Beschichtungsraten und der guten Schichteigenschaften haben sich Hot-Wire-CVD und Mikrowellen-PECVD in der industriellen Produktion aufgrund des komplizierteren Aufbaus gegenüber HF- bzw. VHF-PECVD-Verfahren bisher nicht durchsetzen können.

Bei HF- und VHF-PECVD-Prozessen haben sich drei Standard-Anlagentypen etabliert: KAI 1200 [10, 56, 57] und AKT (Oerlikon Solar) [58, 59] oder NEW ARISTO (Applied Materials) [60] (Tabelle 3.1).

Üblicherweise erfolgt die Beschreibung der Leistungsfähigkeit der Anlagen durch die Hersteller nicht anhand der Schichteigenschaften (z. B. Leitfähigkeit, Mikrostrukturparameter), sondern nur durch die Angabe der Strom-Spannungs-Kennlinien abgeschiedener Solarzellen. Eine Änderung bzw. Optimierung von Prozessbedingungen kann daher nicht hinsichtlich der Änderung von Schichteigenschaften bewertet werden, sondern nur an der Änderung der Zellperformance.

Tab. 3.1.: Beschichtungsraten von Standard-PECVD-Verfahren (HF und VHF) zur Abscheidung von amorphen und mikrokristallinen Siliziumschichten.

Anlage	Frequenz [MHz]	Abscheiderate [nm/s]		Quelle
		a-Si:H	µc-Si:H	
KAI 2000	40,68	0,3	0,25	[10, 57]
AKT	13,56	0,6	0,75	[58]
NEW ARISTO	13,56	0,7	0,30	[60]
	40,68	1,4	0,65	[60]

Nach aktuellem Kenntnisstand sind daher in der Literatur die Schichteigenschaften, die in der vorliegenden Arbeit eine Rolle spielen, nicht bewertet. Es ist somit unklar, ob die gestellten Anforderungen (Tabelle 2.1) zwingend alle eingehalten werden müssen, um Zellen mit einem guten Zellwirkungsgrad zu erhalten. Unabhängig davon, ob die hier erzielten Schichteigenschaften den Anforderungen entsprechen oder nicht, müssten in weiterführenden Arbeiten die I-U-Kennlinien entsprechend aufgebauter Zellen untersucht werden.

4. Experimenteller Aufbau und verwendete Untersuchungsmethoden

4.1. Beschichtungsanlage

Für die Untersuchungen in dieser Arbeit wurde eine Cluster-Anlage (Cluster 300, Abschnitt 4.1.1) mit einem Doppel-Ring-Magnetron DRM 400 (Abschnitt 4.1.2) verwendet. Auf Besonderheiten der Prozessstromversorgung wird in Abschnitt 4.1.3 eingegangen.

4.1.1. Cluster-Anlage Cluster 300

Die Cluster-Anlage *Cluster 300* ist eine Beschichtungsanlage für das stationäre Magnetronsputtern und für PECVD-Prozesse. Es können Substrate mit einem Durchmesser von bis zu 300 mm beschichtet werden. Der Aufbau ist schematisch in Abbildung 4.1 dargestellt.

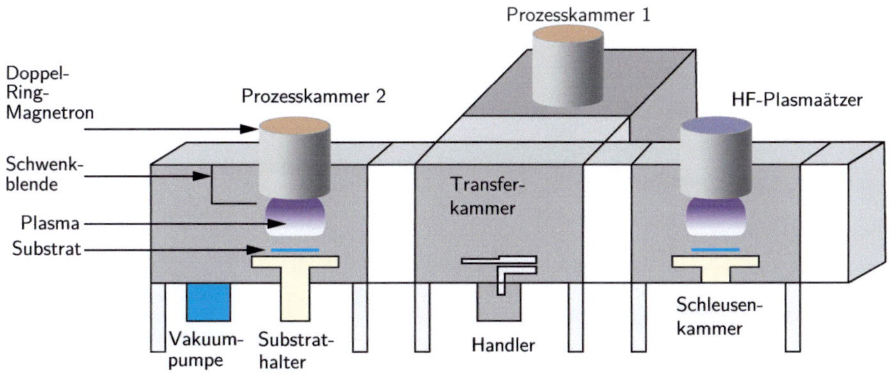

Abb. 4.1.: Schematischer Aufbau der Cluster-Anlage Cluster 300 [61].

Die Anlage verfügt über zwei Prozesskammern, die jeweils mit einem Doppel-Ring-Magnetron ausgerüstet sind. Beide Prozesskammern sind über die zentrale Transferkammer mit der Schleusenkammer verbunden. Die Einschleusung der Substrate erfolgt von einem Reinraum aus. Zur Vorbehandlung der Substrate verfügt die Schleusenkammer über einen Plasmaätzer. Die Prozesskammern erreichen einen Restgasdruck von

2×10^{-7} mbar (2×10^{-5} Pa) und verfügen durch die Verwendung einer Trockenläufer-Vorpumpe sowie einer Magnetfeld-gelagerten Turbopumpe über ein kohlenwasserstofffreies Vakuum. Das Gassystem ist für die Arbeit mit kritischen Gasen ausgelegt. Das sind neben Fluor und Ammoniak die hier benutzten Gase Silan und Wasserstoff.

Der Substrathalter in den Prozesskammern kann durch verschiedene Aufbauten modifiziert werden. Wahlweise können Aufbauten zur Substratrotation, zum Anlegen von HF- und DC-Bias und zum Heizen der Substrate eingebaut werden. Für die durchgeführten Versuche stand ein Halogenlampenheizer zur Verfügung, mit dem die Substrate bis auf 650 °C aufgeheizt werden können. Der Heizer besteht aus 16 Stück 36 V-Halogenlampen mit je 400 W Leistung. Das ergibt eine maximale Leistung von 6,4 kW.

4.1.2. Doppel-Ring-Magnetron

Für den Magnetron-PECVD-Prozess ist grundsätzlich jede Magnetron-Sputterquelle geeignet. In [14] wurde beispielhaft die Abscheidung von SiO_2-artigen Schichten (SiO_2 mit einem Anteil an Kohlenwasserstoff) mit einem Dual-Magnetron-System auf PET-Folie in einem Rolle-zu-Rolle-Prozess untersucht. In der vorliegenden Arbeit kommt als Plasmaquelle ein Doppel-Ring-Magnetron DRM 400 zur Anwendung, das am Fraunhofer-Institut für Elektronenstrahl- und Plasmatechnik FEP für das reaktive Puls-Magnetron-Sputtern entwickelt worden war [24].

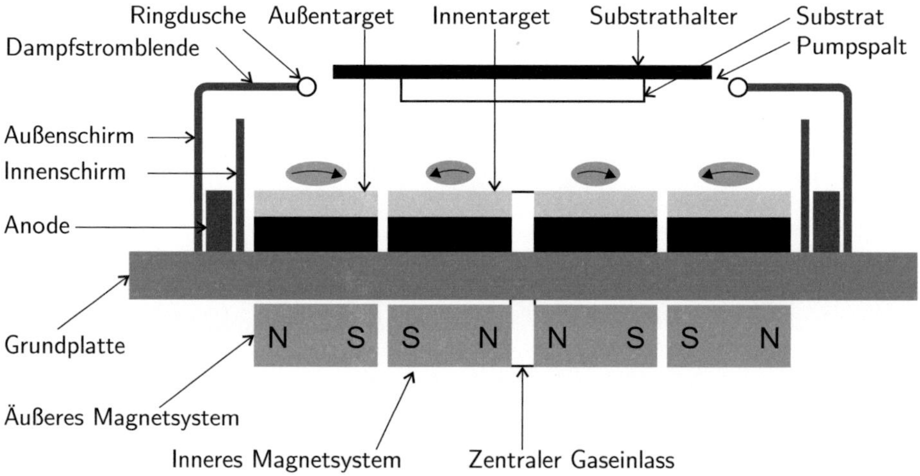

Abb. 4.2.: Aufbau des Doppel-Ring-Magnetrons DRM 400.

Das DRM 400 besteht aus zwei konzentrisch angeordneten, elektrisch voneinander isolierten, Targets mit jeweils unabhängiger Energieeinspeisung (Abbildung 4.2). Wasserstoff und Argon wurden durch den zentralen Gaseinlass zugeführt. Für den Einlass des Prekursors Silan wurde auf der Dampfstromblende eine Ringdusche angebracht. Der Gaseinlass erfolgt durch Düsen, die in einem Winkel von 45° zum Target stehen (Abbildung 4.3). Der Target-Substrat-Abstand betrug für die meisten Beschichtungsversuche 90 mm.

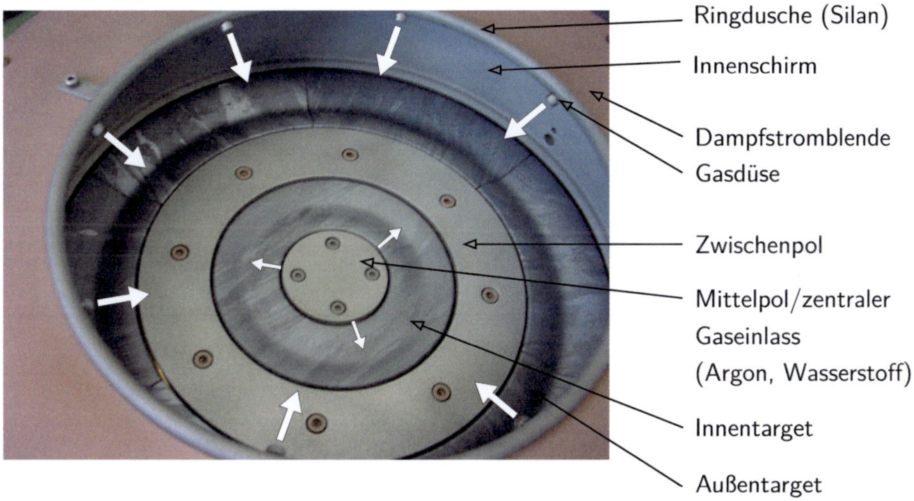

Abb. 4.3.: Foto von der Vakuumseite des Doppel-Ring-Magnetrons DRM 400 mit Blick auf Targets und Innenschirm. Der Silaneinlass erfolgte über eine Ringdusche (angebracht auf der Dampfstromblende) in Richtung Substrat im Winkel von 45°. Wasserstoff und Argon wurden durch den zentralen Gaseinlass eingelassen. Der Gaseinlass ist durch weiße Pfeile angedeutet.

Das Doppel-Ring-Magnetron DRM 400 bietet mit der zur Verfügung stehenden Auswahl an Prozessparametern viele Möglichkeiten, um Schichteigenschaften zu beeinflussen [15]. Durch die separate Einstellung der Leistung für Innen- und Außentarget und durch die Überlagerung der Schichtdickenverteilungen der beiden Targets können Substrate bis zu einem Durchmesser von 200 mm mit einer Schichtdickenhomogenität von besser als ±1,0 % beschichtet werden [62] (Abbildung 4.4).

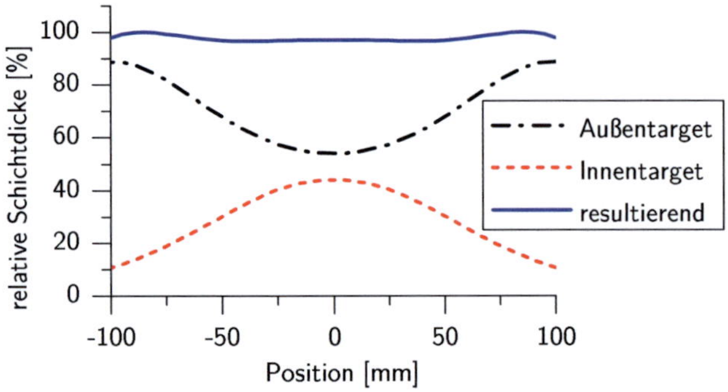

Abb. 4.4.: Überlagerung der Schichtdickenverteilung von Innen- und Außentarget beim Doppel-Ring-Magnetron DRM 400 [63].

Das Magnetron DRM 400 kann in zwei unterschiedlichen Pulsmodi betrieben werden. Im *unipolaren* Pulsmodus werden beide Targets im Gleichtakt gegen die gemeinsame Anode gepulst (Abbildung 4.5a). Im *bipolaren* Modus wird eine Spannung mit wechselnder Polarität zwischen dem Außen- und Innentarget angelegt, so dass das eine Target jeweils die Anode für das andere Target darstellt (Abbildung 4.5b).

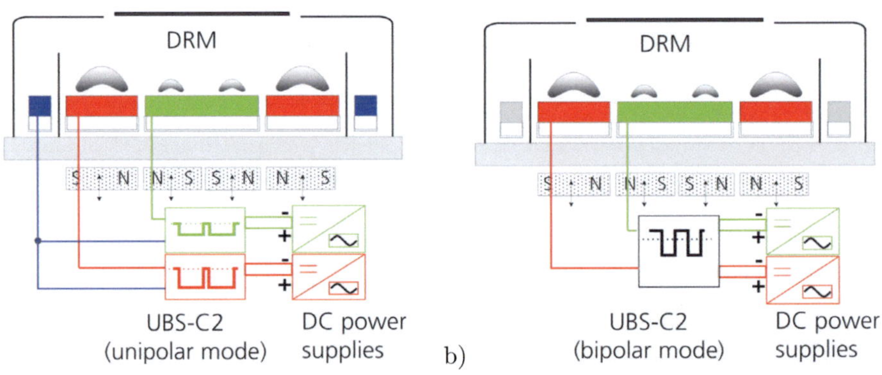

Abb. 4.5.: Doppel-Ring-Magnetron im a) unipolaren und b) bipolaren Pulsmodus [62].

4.1.3. Stromversorgung des Magnetrons

Für die Energieversorgung des Prozesses wurden zwei DC-Sputterstromversorgungen vom Typ Pinnacle (Advanced Energy) verwendet. Die maximal möglichen Leistungen für Außen- und Innentarget betrugen 20 bzw. 12 kW. Zwischen DC-Stromversorgung und Target befindet sich ein Pulsgenerator UBS-C2 (Fraunhofer FEP) mit zwei separaten Kanälen. Bei Verwendung eines Doppel-Ring-Magnetrons werden die beiden Kanäle jeweils für Außen- und Innentarget genutzt (Abbildung 4.5) [64]. Die angebene DC-Leistung in den Versuchen ist immer die Summe der Leistungen von Außen- und Innentarget (Gesamtleistung). Als Pulsparameter können Pulsfrequenz und Tastverhältnis vorgegeben werden. Die Erkennung von Bogenentladungen und deren Abschaltung erfolgt ebenfalls durch die UBS. Wie im Abschnitt 4.1.2 beschrieben wird, ist das Leistungsverhältnis zwischen Außen- und Innentarget entscheidend für die radiale Schichtdickenhomogenität. In den durchgeführten Versuchen betrug das Leistungsverhältnis immer vier, das heißt die Leistung am Innentarget betrug stets 20 % der Gesamtleistung.

4.2. Prozesscharakterisierung

4.2.1. Langmuir-Sondenmessung

Zur Bestimmung der Plasmaparameter Elektronentemperatur $k_B T_e$, Elektronendichte n_e und Ionensättigungsstrom I_p in Substratnähe wurde eine Langmuir-Doppelsonde benutzt. Grundlegende Zusammenhänge zur Funktionsweise von Langmuir-Sonden findet man in [65] und [66]. Dabei wird von einem einfach ionisierten Plasma ausgegangen ($n_e = n_i = n_0$). In diesem Fall wird n_e auch einfach als Plasmadichte bezeichnet.

Das Grundprinzip der Langmuir-Sonde besteht darin, dass eine kleine leitende Metalloberfläche in das Plasma gebracht wird. An diese wird eine Spannung angelegt und gegen ein Bezugspotenzial variiert. Das Bezugspotenzial kann das Wandpotenzial des Rezipienten sein (Einfachsonde) oder das Potenzial einer zweiten Sonde im Plasma (Doppelsonde). Die Größe der Sondenoberfläche muss dabei klein gegen die Ausdehnung des Plasmas sein, um die Beeinflussung des Plasmas durch die Sonde zu vermeiden bzw. so gering wie möglich zu halten.

Bei dem in dieser Arbeit verwendeten Aufbau handelt es sich um eine am Fraunhofer-Institut FEP entwickelte Doppelsonde (Abbildung 4.6). Das Prinzip der Doppelsonde wurde erstmals von Johnson und Malter in [67] beschrieben. Zwei dünne Platindrähte mit einem Durchmesser von 0,1 mm befinden sich in zwei parallel gehaltenen Glasröhrchen, die zur Abschirmung des Drahtes vom Plasma dienen. Die eigentliche Sonde ist das Drahtende, das aus dem Ende des Röhrchens heraus ragt. Der Abstand der beiden Sondenspitzen beträgt typischerweise einige zehn Debye-Längen. In unserem Fall beträgt die Debye Länge (z.B. für $k_B T_e = 9\,\text{eV}$ und $n_e = 1{,}0 \times 10^{11}\,\text{cm}^{-3}$) rund 70 µm. Das gesamte Sondensystem ist isoliert aufgebaut.

Mit einer Einfachsonde kann zwar direkt die Elektronenenergieverteilung bestimmt werden, indem der Elektronenstrom zweimal nach der Sondenspannung abgeleitet

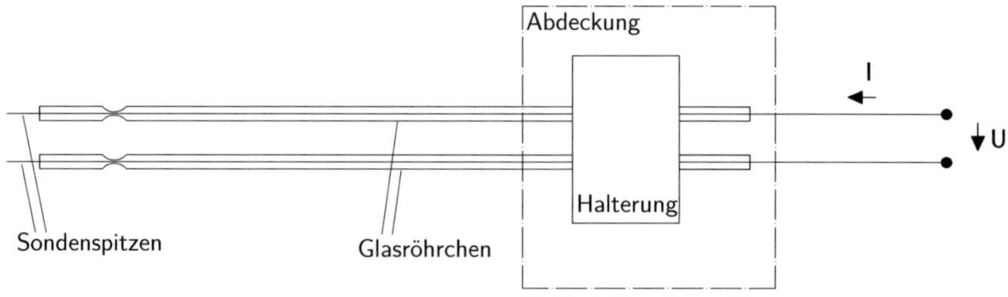

Abb. 4.6.: Aufbau der zur Bestimmung der Plasmaparameter verwendeten Langmuir-Doppelsonde [68].

wird, aber eine Doppelsonde bietet gegenüber einer Einfachsonde verschiedene Vorteile. Bedingt durch den symmetrischen Aufbau ist der maximale Strom durch die Sonde durch den Ionenstrom gegeben, welcher wesentlich niedriger als der Elektronenstrom ist. Des Weiteren sind Doppelsonden weniger anfällig gegenüber Abweichungen von einer Maxwell-Boltzmann-Energieverteilung der Elektronen und gegenüber Gradienten im Plasmapotenzial [69].

Die Messung der Plasmaparameter erfolgte in der Mitte über dem Substratträger. Der Target-Substrat-Abstand beträgt dabei 90 mm, die Länge der Sondenspitzen, die aus dem Glasröhrchen ragen, 7 mm. Zusammen mit dem Drahtdurchmesser von 0,1 mm ergibt sich eine Sondenfläche A_S von $0,02\,\mathrm{cm}^2$.

Zwischen beiden Platindrähten wird eine Gleichspannung angelegt, die von -150 V bis 150 V durchfahren wird. Aus der angelegten Sondenspannung U_S und dem gemessenen Sondenstrom I_S ergibt sich die charakteristische Strom-Spannungs-Kennlinie der Sonde (Abbildung 4.7), aus der die Plasmaparameter bestimmt werden können.

Der Schnittpunkt der Geraden mit dem Anstieg $\frac{dI_S}{dU_S}|_{sat.}$ (oberer Kennlinienast) mit der y-Achse ergibt den Ionensättigungsstrom $I_i|_{float.}$. Aufgrund der Symmetrie der Kennlinie kann ein zweiter Wert für den Ionensättigungsstrom $-I_i|_{float.}$ bestimmt werden (unterer Kennlinienast). Es erfolgt dann eine Mittelwertbildung der Beträge der beiden Ionensättigungsströme. Der daraus resultierende Ionensättigungsstrom wird im Weiteren mit I_p bezeichnet. Die symmetrische Kennlinie ist eine Folge des symmetrischen Aufbaus der Sonde. Eine Beschädigung der Sonde führt zu einer Störung der Symmetrie der Kennlinie und kann leicht identifiziert werden. Der obere und der untere Teil der Kennlinie sind dann nicht mehr parallel.

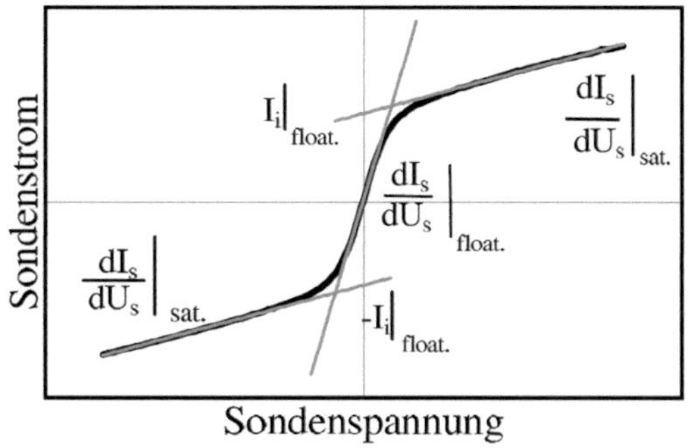

Abb. 4.7.: Strom-Spannungs-Kennlinie einer Langmuir-Doppelsonde [70].

Die Elektronentemperatur $\mathrm{k_B}T_e$ kann nach folgender Formel bestimmt werden [71]:

$$\frac{\mathrm{k_B}T_e}{\mathrm{e}} = \frac{I_i|_{float.}}{2 \cdot \frac{dI_S}{dU_S}|_{float.} - \frac{dI_S}{dU_S}|_{sat.}}. \tag{4.1}$$

Dabei ist $\mathrm{k_B}$ die Boltzmann-Konstante und e die Elementarladung des Elektrons. Die Werte für $I_i|_{float.}$, $\frac{dI_S}{dU_S}|_{float.}$ und $\frac{dI_S}{dU_S}|_{sat.}$ werden aus der Kennlinie bestimmt.

Die Berechnung der Elektronendichte n_e erfolgt aus dem Ionensättigungstrom nach der Methode von Sonin [72, 73]. Die Ionenstromdichte auf die Sonde j_i wird darin beschrieben durch

$$j_i = en_e \left(\frac{\mathrm{k_B}T_e}{2\pi m_i}\right)^{1/2} i_i(X_S, \frac{T_i}{T_e}, \frac{R_S}{\lambda_D}). \tag{4.2}$$

Die komplexe Abhängigkeit der Ionenstromdichte j_i vom Sondenpotenzial Φ_S, dem Verhältnis von Ionentemperatur und Elektronentemperatur T_i/T_e und dem Verhältnis aus Sondenradius und Debye-Länge R_S/λ_D wird mit der Funktion $i_i = i_i(X_S, \frac{T_i}{T_e}, \frac{R_S}{\lambda_D})$, dem dimensionslosen Ionenstrom, berücksichtigt. Das Sondenpotenzial Φ_S wird dabei durch das dimensionslose Sondenpozential X_S berücksichtigt:

$$X_S = \frac{\mathrm{e}(\Phi_S - \Phi_{Pl})}{\mathrm{k_B}T_e}. \tag{4.3}$$

Darin ist Φ_{Pl} das Plasmapotenzial. Um die Plasmadichte mit Hilfe von Gleichung (4.2) zu ermitteln, muss der dimensionslose Ionenstrom i_i bekannt sein. Der dimensionslose Ionenstrom könnte zwar aus den Ionenstromtheorien [74, 75] ermittelt werden, jedoch hängt er selbst über die Debye-Länge von der Ladungsträgerdichte ab. Durch Multiplikation der Gleichung (4.2) mit der Größe $(R_S/\lambda_D)^2$, ersetzen der Ladungsträgerdichte n_e mit der Debye-Länge λ_D durch Gleichung (2.10) und Umstellen erhält man [76]:

$$\left(\frac{R_S}{\lambda_D}\right)^2 i_i = \beta = \frac{R_S^2}{\epsilon_0}\sqrt{\frac{2\pi m_i}{e}}\left(\frac{\mathrm{k_B}T_e}{e}\right)^{-\frac{3}{2}}\frac{I_S}{A_S}. \tag{4.4}$$

Die rechte Seite der Gleichung (4.4) hängt nur von experimentell bestimmbaren und bekannten Größen ab. Sonin vereinfachte das Problem durch die Festlegung eines festen Bezugspotenzials X_{Sonin} an dem die Ionenstrommessung durchgeführt wird. Ausgehend vom Floating-Potenzial $\Phi_{fl.}$ ist

$$X_{Sonin} = \Phi_{fl.} - 10. \tag{4.5}$$

An dieser Stelle wird der Beitrag des Elektronenstromes zum Sondenstrom als vernachlässigbar angesehen. Experimentell ermittelte Sonin den Ionenstrom $i_i = i_i(X_{Sonin})$ in Abhängigkeit von verschiedenen Werten von β und stellte dies im sogenannten Sonin-Graphen dar. Diese graphische Darstellung stellt den Zusammenhang zwischen $(R_S/\lambda_D)^2 i_i$ und dem dimensionslosen Ionenstrom i_i bei X_{Sonin} her. So erhält man den Wert für $i_i(X_{Sonin})$ an der Stelle $(R_S/\lambda_D)^2\ i_i(X_{Sonin})$, indem Gleichung (4.4) durch den abgelesenen Wert für i_i geteilt wird. Damit erhält man $(R_S/\lambda_D)^2$. Daraus wird die Debye-Länge berechnet und mit ihr die Elektronendichte n_e durch Umstellen der Gleichung (2.10):

$$n_e = \frac{\epsilon_0 \mathrm{k_B} T_e}{\mathrm{e}^2 \lambda_D^2}. \tag{4.6}$$

Bei Verwendung einer Doppelsonde entspricht das Floating-Potenzial Φ_{fl} der Sondenspannung $U_S = 0\,\mathrm{V}$. Zur Auswertung der Kennlinien wurde ein Programm auf der Basis der Software *Octave* verwendet [77, 78].

Bei der Benutzung der Langmuir-Sonde muss beachtet werden, dass deren Oberfläche wie jede Fläche, die dem Beschichtungsplasma ausgesetzt ist, selbst auch beschichtet wird. Dadurch ändert sich die Oberfläche der Sonde sowie die kapazitive Ankopplung an das Plasma. Diese beiden Effekte haben eine Veränderung der Messwerte zur Folge. Um die Beschichtung der Sondenoberfläche zu verhindern, werden in einem Reinigungsmodus beide Sondendrähte auf das gleiche negative Potenzial gelegt. Dadurch werden Argonionen aus dem Plasma auf die Sondenoberfläche beschleunigt und somit die Sondenoberfläche freigesputtert und eine erneute Beschichtung verhindert. Nur für die relativ kurze Messzeit von ungefähr einer Sekunde wird die Sonde in die Betriebsart Messen geschaltet. Die dabei auftretende Drift des Messsignals durch die Beschichtung der Sonde kann vernachlässigt werden.

4.2.2. Bestimmung der Substrattemperatur

Zur Bestimmung der Substrattempraratur wurden Temperaturmessstreifen (Firma IBV Ingenieur-Büro Vanbelle) verwendet. Dabei handelt es sich um selbstklebende Streifen aus Aluminiumfolie mit einer Größe von 75 × 5 mm. Die erreichte Temperatur wird durch einen irreversiblen Farbumschlag eines Indikatorfeldes angezeigt. Jeder Streifen enthält neun Indikatorfelder mit einer mittleren Auflösung von 6 K. Die messbare Maximaltemperatur beträgt 260 °C.

Zur Reinigung und zur Verbesserung der Schichthaftung wurden die Substrate vor dem Beschichtungsprozess durch Ätzen in einem Argonplasma in der Schleusenkammer vorbehandelt. Die Ätzzeit betrug 60 s bei einer Leistung von 1 kW. Wenn die Temperaturmessstreifen direkt dem Ätzplasma ausgesetzt sind, kommt es durch den Beschuss mit Argonionen zum sofortigen Auslösen aller Indikatorfelder. Aus diesem Grund wurden die Messstreifen auf der Substratrückseite angebracht.

Da mit den Temperaturmessstreifen nur die Maximaltemperatur, die die Probe während des Prozesses erreicht, bestimmt werden kann, wurde für einige Prozessparameter der Temperaturverlauf aufgenommen. Dazu wurde die Temperatur im Inneren eines Kupferwafers mit einem Standard-Temperaturfühler vom Typ Pt 100 gemessen. So war es möglich, relativ einfach den Temperaturverlauf zu bestimmen, auch für Temperaturen von über 260 °C. Dies ist die Messgrenze der Temperaturmessstreifen, die bei allen anderen Beschichtungen genutzt wurden, um die erreichte Substrattemperatur zu bestimmen.

4.3. Schichtcharakterisierung

4.3.1. Leitfähigkeitsuntersuchungen

Zur Untersuchung von Hell- und Dunkelleitfähigkeit σ_{hell} und σ_{dunkel} wurden Schichten mit einer Dicke von 600 nm auf Glassubstraten vom Typ Corning 1737 der Größe $50 \times 50 \times 0,7\,\text{mm}^3$ abgeschieden. Bei dieser Glassorte handelt es sich um ein fast alkalifreies Aluminiumsilicatglas mit hoher Temperaturbeständigkeit. Es verfügt über eine gute Oberflächenqualität und eine geringe thermische Ausdehnung. Für die Leitfähigkeitsuntersuchung der abgeschiedenen Schichten stellt dieses Glas einen sehr guten Isolator dar, so dass bei der Bestimmung der Leitfähigkeit der Schicht kein Beitrag des Substrates zu erwarten ist.

Die Messung erfolgte an einem Wafer-Messplatz (Süss Microtec) (Abbildung 4.8). Die verwendete Spannung betrug 500 V. Für die Bestimmung des Stromes wurde das Picoamperemeter 6487 (Firma Keithley) verwendet. Zur Kontaktierung der Probe wurden mit Hilfe einer Schattenmaske Aluminiumkontakte mit einer Dicke von 300 nm aufgesputtert. Die Leitfähigkeit σ berechnet sich zu

$$\sigma = \frac{D \cdot I}{L \cdot d_s \cdot U}. \tag{4.7}$$

Dabei ist D der Abstand der Elektroden (1 mm), L die Breite der Elektroden (1 cm) und d_s die Schichtdicke.

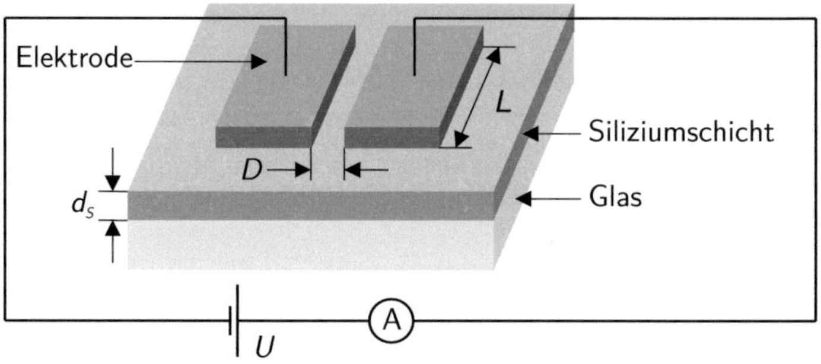

Abb. 4.8.: Schematischer Aufbau der Leitfähigkeitsmessung.

Zur Beleuchtung der Proben für die Messung der Hellleitfähigkeit wurde eine Halogenlampe (Xenophot HLX; Osram) verwendet. Diese Lampe besitzt ein Spektrum, welches dem $AM1,5$-Spektrum ähnlich ist (Abbildung 4.9). Der Lichteinfall geschieht unter einem Zenitwinkel von 48,2° mit einer integralen Leistung von 1000 W/m^2.

Im Abschnitt 2.2 wurde die Degradation durch den Staebler-Wronski-Effekt besprochen. Da vor den Leitfähigkeitsmessungen der Proben einer Beschichtungsserie Zeit vergeht, in der bereits Degradation stattfinden kann (einige Tage), ist zu erwarten, dass der Staebler-Wronski-Effekt bei allen Proben unterschiedlich stark ausgeprägt ist. Um vor der Messung der Leitfähigkeit bei allen Proben einen definierten Ausgangszustand zu schaffen, wurden sie getempert [34]. Dies geschah bei 150 °C für 30 min. Das hat die Ausheilung reversibler Degradationseffekte zur Folge. Gleichzeitig wird durch den Temperschritt ein eventuell vorhandener Wasserfilm von der Oberfläche der Probe entfernt. Nach dem Tempern kühlten die Proben im Dunkeln auf Raumtemperatur ab, um eine erneute Degradation kurz vor der Messung zu verhindern.

4.3.2. Optische Spektroskopie

Die optische Spektroskopie wurde verwendet, um aus Messungen der Transmission eines beschichteten Glassubstrates die Schichtdicke d_S und die Größe der Bandlücke E_{Tauc}

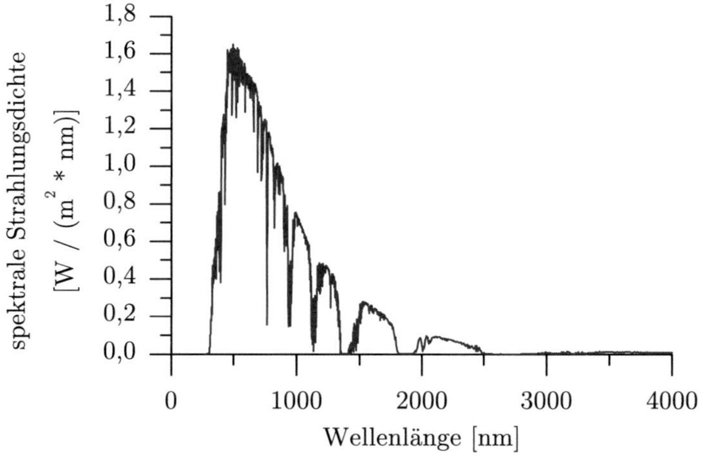

Abb. 4.9.: Sonnenspektrum $AM1,5$ [79].

zu bestimmen. Dafür wurde ein Photospektrometer vom Typ Lambda 950 (Perkin Elmer) genutzt. Durch die Verwendung einer Deuteriumlampe und einer Halogenlampe wird der Wellenlängenbereich von 175 nm (UV-Bereich) bis 3300 nm (NIR, naher Infrarotbereich) abgedeckt. Der Messbereich für die Siliziumproben betrug 300 nm bis 2000 nm.

Zur Bestimmung der Schichtdicke und der Bandlücke aus den gemessenen Transmissionsspektren wurde das Computerprogramm PARAV [80] verwendet. Es arbeitet nach der weit verbreiteten Methode von Swanepoel [81] zur Berechnung der genannten Parameter für amorphes und mikrokristallines Silizium. Zunächst werden für die gemessene Transmission zwei Hüllkurven durch Anpassung von zwei Polynomen (bis Grad 5) ermittelt. Eine berührt die Transmissionskurve in ihren Maxima (T_M), die andere in den Minima (T_m). Abbildung 4.10 enthält ein Beispiel für die Transmissionskurve mit den dazugehörigen Hüllkurven.

Für die Berechnung der Dispersion wird das Transmissionsspektrum in drei Bereiche unterteilt: transmittierend, schwach absorbierend und stark absorbierend.

Im transmittierenden Bereich erfolgt die Beschreibung der Brechzahl n der Schicht:

$$n = \left[M + (M^2 - n_s^2)^{1/2}\right]^{1/2} \tag{4.8}$$

mit

$$M = \frac{2n_s}{T_m} - \frac{n_s^2 + 1}{2}. \tag{4.9}$$

Darin sind T_m und T_M Werte für das Minimum bzw. Maximum der gemessenen Transmissionskurve, die mit Hilfe der Hüllkurven ermittelt werden. n_s ist die Brechzahl des Substrates.

Im Bereich der schwachen Absorption berechnet sich M folgendermaßen:

$$M = 2n_s \frac{T_M - T_m}{T_m T_M} + \frac{n_s^2 + 1}{2}. \tag{4.10}$$

Dabei gehören die Werte für T_M und T_m zur selben Interferenzschwingung (so z. B. in Abbildung 4.10 T_m und T'_M bei der Wellenlänge λ_1).

Zur Beschreibung der Dispersion im stark absorbierenden Bereich wird die Cauchy-Dispersionsformel verwendet:

$$n = \frac{A_0}{\lambda^0} + \frac{A_1}{\lambda^2} + ... + \frac{A_z}{\lambda^{2z}}. \tag{4.11}$$

Die Koeffizienten A_i werden durch einen Polynomfit bestimmt. Aus der so ermittelten Dispersion $n(\lambda)$ wird die Schichtdicke d_S wie folgt bestimmt:

$$d_S = \frac{\lambda_1 \lambda_2}{2(\lambda_1 n_2 - \lambda_2 n_1)}. \tag{4.12}$$

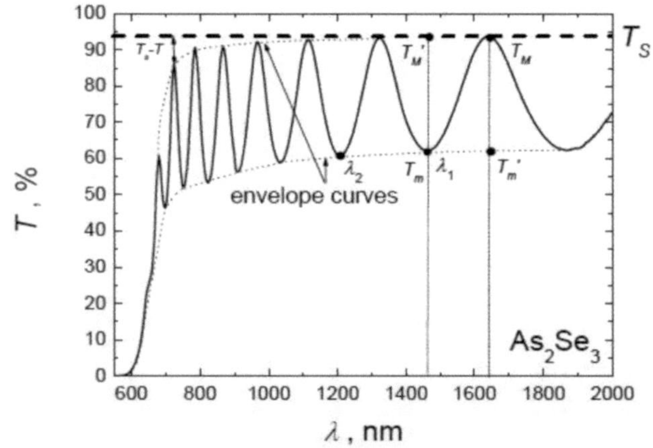

Abb. 4.10.: Transmissionsspektrum mit dazugehörigen Hüllkurven aus [80].

Aus der bestimmten Dispersion und der Schichtdicke wird der Absorptionskoeffizient α als Funktion der Energie $h\nu$ berechnet:

$$\alpha = \frac{1}{d_S} \ln \frac{(1 - R_1)(1 - R_2)(1 - R_3)}{T}. \tag{4.13}$$

Die Koeffizienten R_1, R_2 und R_3 sind Reflexionskoeffizienten für die Grenzflächen Luft-Schicht, Schicht-Substrat und Substrat-Luft. Hierbei werden Mehrfachreflexionen an den Grenzflächen als gering angesehen und vernachlässigt. Die Reflexionskoeffizienten können mit Hilfe der Fresnel'schen Formeln bestimmt werden und ergeben sich zu:

$$R_1 = \left(\frac{n - n_0}{n + n_0}\right)^2, \tag{4.14}$$

$$R_2 = \left(\frac{n - n_s}{n + n_s}\right)^2, \tag{4.15}$$

$$R_3 = \left(\frac{n_s - n_0}{n_s + n_0}\right)^2, \tag{4.16}$$

mit den Brechzahlen n, n_0 und n_s für die Schicht, das umgebende Medium Luft und das Substrat .

Aus dem Verlauf des Absorptionskoeffizienten wird mit Hilfe des sogenannten Tauc-Plots [82, 32] die Größe der Bandlücke ermittelt (Abbildung 4.11). Im Tauc-Plot wird der Faktor $\sqrt{\alpha h\nu}$ gegen die Energie $h\nu$ aufgetragen. Der Schnittpunkt der Näherungsgeraden mit der x-Achse entspricht dann der Größe der Bandlücke E_{Tauc}.

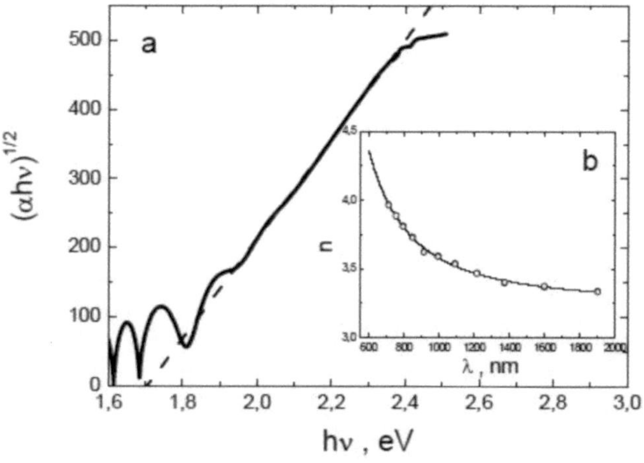

Abb. 4.11.: Tauc-Plot zur Bestimmung der Bandlücke E_{Tauc} einer amorphen Siliziumschicht nach [32] aus [80]. Die Bandlücke ergibt sich aus dem Schnittpunkt der Fit-Geraden mit der x-Achse (in diesem Beispiel 1,7 eV). Die eingefügte Abbildung enthält die ermittelte Dispersion.

4.3.3. FTIR-Spektroskopie

Der Mikrostrukturparameter R^* gibt Auskunft darüber, wie der Wasserstoff, den die Schicht enthält, gebunden ist. Um dies aufzuklären, wurde die FTIR-Spektroskopie (FTIR - Fourier-Transformations-Infrarotspektroskopie) verwendet . Als eine der klassischen molekülspektroskopischen Analysemethoden liefert die Infrarot-Spektroskopie Informationen über den Aufbau kompletter Moleküle und über Orientierungs- und Umgebungseffekte sowie lokale Konformationen (räumliche Anordnung der Bindungen). Dabei wird Infrarotstrahlung im Wellenzahlenbereich von 400 cm^{-1} bis 2400 cm^{-1} durch die Bindungsschwingungen der Atome und Moleküle absorbiert. Jede dieser Schwingungen verfügt über eine charakteristische Frequenz, die als Absorption im Spektrum sichtbar ist [83].

Gemessen wurde mit einem Spektrometer vom Typ Spec 2000 (Perkin Elmer) in Transmission. Dafür wurden die Schichten auf doppelseitig poliertem Silizium abgeschieden, da Silizium eine hohe Transparenz für Infrarotstrahlung besitzt.

Aus der gemessenen Intensität als Funktion der Wellenzahl $I_{Mess.}$ wird der Absorptionskoeffizient α ermittelt:

$$I_{Mess.} = I_0 e^{(\alpha d_S)} \tag{4.17}$$

mit der Ausgangsintensität I_0 und der Schichtdicke d_S.

Bei Wellenzahlen um 2000 cm^{-1} gibt es zwei charakteristische Absorptionsbanden (Abbildung 4.12). Diese werden durch die Streckschwingung der Si-H-Bindung bei 2000 cm^{-1}, welche auch als Low-Stretching-Mode (LSM) bezeichnet wird und durch die Streckschwingungen der Si-H_2- und Si-H_3-Bindungen zwischen 2060 cm^{-1} und 2160 cm^{-1} (als High-Stretching-Mode (HSM) bezeichnet) hervorgerufen. Zur Bestimmung des Mikrostrukturparameters R^* werden diese Absorptionsbanden mit Gaußkurven angefittet. Durch Integration wird die Fläche, die zwischen Gaußkurve und x-Achse eingeschlossen ist, bestimmt. Der Mikrostrukturparameter wird dann aus dem Verhältnis der Flächen A unter den Gaußkurven berechnet. Dazu werden die Flächen der Si-H_2- und Si-H_3-Peaks zur Gesamtfläche aller Si-H_n-Peaks ($n = 1 \ldots 3$) ins Verhältnis gesetzt.

$$R^* = \frac{A_{HSM}}{A_{HSM} + A_{LSM}} \tag{4.18}$$

$$= \frac{A_{[SiH_2+SiH_3]}}{A_{[SiH+SiH_2+SiH_3]}}. \tag{4.19}$$

Der Mikrostrukturparameter kann auch als der Anteil von Wasserstoff interpretiert werden, der nicht in Form von SiH-Bindungen gebunden ist. Idealerweise soll der Mikrostrukturparameter Null sein. Dies bedeutet, dass den Siliziumatomen jeweils höchstens ein Siliziumatom als Bindungspartner fehlt, dass dann durch Wasserstoff abgesättigt ist. In der Realität ist der Wert jedoch größer Null. Praktisch akzeptabel für Device-Grade-Material sind Werte von $R^* < 0,1$ [6].

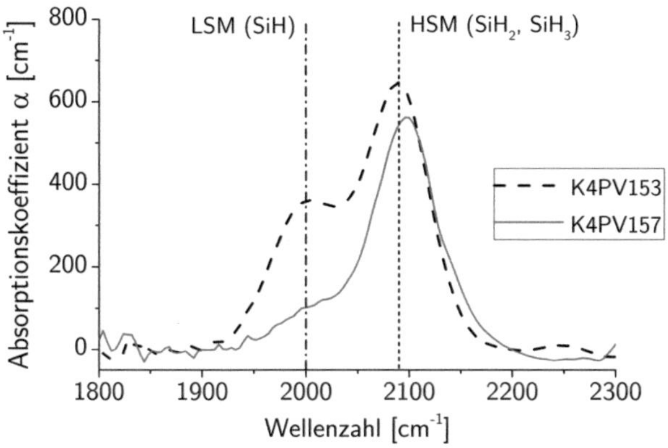

Abb. 4.12.: Verlauf des Absorptionskoeffizienten α ermittelt aus einem FTIR-Spektrum von amorphen Siliziumschichten (LSH Low Stretching Mode der Si-H-Bindung, HSM High Stretching Mode der Si-H_2- und Si-H_3-Bindung). Die Probe K4PV153 hat einen Mikrostrukturparameter von 0,61. Die Probe K4PV157 weist einen höheren Wert von 0,86 auf.

4.3.4. Raman-Spektroskopie

Die strukturelle Untersuchung der Siliziumschichten erfolgt anhand von Raman-Spektren, aus denen der kristalline Anteil der abgeschiedenen Schichten bestimmt werden kann [6].

Die Probe wird bei der Raman-Spektroskopie mit monochromatischem Licht bestrahlt. Detektiert wird das von der Probe gestreute Licht. In Abbildung 4.13 sind zwei typische Raman-Spektren zu sehen. Dargestellt ist die Intensität des gestreuten Lichts als Funktion der sogenannten Raman-Verschiebung. Dabei handelt es sich um die Differenz der Wellenzahlen des eingestrahlten und des rückgestreuten Lichts. Die Messungen wurden mit einem Spektrometer vom Typ *Renishaw 3000* durchgeführt. Die Anregung erfolgte mit einem Argonionen-Laser mit einer Wellenlänge von 514 nm. Durchgeführt wurden die Messungen am Fraunhofer-Institut für Werkstoff- und Strahltechnik IWS.

Charakteristisch für einkristallines Silizium ist im Raman-Spektrum eine scharfe Linie bei 520 cm^{-1}(sogenannter TO-Peak). In amorphem Silizium liegt die Raman-Linie

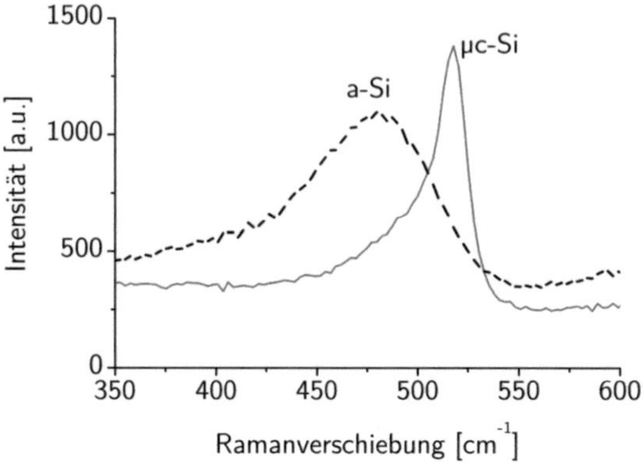

Abb. 4.13.: Raman-Spektrum einer amorphen und einer mikrokristallinen Siliziumschicht.

bei 480 cm^{-1}. Diese ist wesentlich breiter als in einkristallinem Silizium. Im Raman-Spektrum von mikrokristallinem Material sind beide Linien vertreten. Es kann auch noch eine weiterer Peak um 500 cm^{-1} auftreten, der durch Streuung an der Oberfläche der Kristallite entsteht.

Der kristalline Volumenanteil X_C (Raman-Kristallinität) ergibt sich nach [6] zu:

$$X_C = \frac{A_C}{A_C + 0,8A_A} \tag{4.20}$$

mit $A_C = A(\text{bei } 520\,cm^{-1}) + A(\text{bei } 500\,cm^{-1})$ und $A_A = A(\text{bei } 480\,cm^{-1})$. A steht dabei für die Fläche unter den Gaußkurven, mit denen die Peaks angefittet wurden. A_C repräsentiert den kristallinen Anteil, A_A den amorphen Anteil. Durch den Faktor 0,8 werden die unterschiedlichen Streuquerschnitte der amorphen und der kristallinen Phase berücksichtigt [84].

Das Optimum für den kristallinen Anteil liegt bei 70 %. Es wurde beobachtet, dass die Raman-Kristallinität X_C einen sehr starken Einfluss auf die Leerlaufspannung U_{OC} und den Kurzschlussstrom I_{SC} einer Solarzelle hat. Mit steigendem kristallinen Anteil kommt es zur Abnahme der Leerlaufspannung. In einem Bereich von $X_C \leq 70\,\%$ wird diese Abnahme von U_{OC} aber durch eine Zunahme des Kurzschlussstromes kompensiert. Bei Werten für $X_C \geq 70\,\%$ kommt es dagegen auch zu einem starken Abfall von I_{SC} und in Folge dessen zu einem Absinken des Wirkungsgrades [31].

Aus den aufgenommenen Raman-Spektren kann neben dem kristallinen Anteil auch die Kristallitgröße als weiteres Charakteristikum des mikrokristallinen Wachstums abgeschätzt werden. Zum einen kann dafür die Halbwertsbreite, zum anderen die Lage des Peaks, also der Wert der Raman-Verschiebung bei 520 cm^{-1} herangezogen werden.

Eine weit verbreitete Methode zur Bestimmung der Orientierung und der Größe von Kristalliten ist die Röntgenbeugung (XRD) [6]. Die Kristallitgröße wird dabei aus den XRD-Daten mit Hilfe der Scherrer-Formel bestimmt, die aber nur für kugelförmige Körner anwendbar ist [85]. Die Kristallite einer typischen mikrokristallinen Siliziumschicht weisen dagegen eine kolumnare, fast nadelförmige Struktur auf. Diese ist z.B. gut in TEM-Aufnahmen zu sehen [86]. Aufgrund der kolumnaren Struktur wird mit der Scherrer-Formel die Kristallitgröße unterschätzt. Daher ist sie für mikrokristalline Schichten ungeeignet.

Durch Auswertung der Raman-Daten von Iqbal et al. [87, 88] durch Ossadnik et al. [89] konnte ein empirischer Zusammenhang zwischen der Kristallitgröße und der Raman-Verschiebung des Raman-Peaks bei 520 cm^{-1} ermittelt werden. Die Kristallitgröße kann damit wie folgt abgeschätzt werden:

$$\nu = 521,01\,\mathrm{cm}^{-1} \cdot \frac{d}{0,0337\,\mathrm{nm} + d} \tag{4.21}$$

mit der Raman-Verschiebung ν und der Kristallitgröße d.

Eine andere Möglichkeit zur Abschätzung der Korngröße nutzt die Halbwertsbreite (FWHM Full Width at Half Maximum) des Peaks bei 520 cm^{-1} [90]. Dafür wurden die Daten aus [89] für Kristallitgröße und Halbwertsbreite mit einem Polynom 6. Grades angepasst. Das Ergebnis ist in Abbildung 4.14 dargestellt.

4.3.5. Optische Glimmentladungsspektroskopie

Zur Untersuchung der Schichtzusammensetzung wurde die optische Glimmentladungsspektroskopie (GDOES Gas Discharge Optical Emission Spectroscopy) angewendet. Mit dieser Methode erhält man Tiefenprofile der Schichtzusammensetzung. Das Prinzip beruht auf einem Sputter-Prozess, bei dem die zu untersuchende Probe als Target dient. Infolge des Beschusses mit Argonionen wird die Oberfläche der Schicht abgetragen. Durch Sputterprozesse werden Atome aus der Schicht herausgeschlagen. Wegen Stoßprozessen im Plasma werden optische Übergänge im sichtbaren und im UV-Bereich angeregt. Gemessen wird der Intensitätsverlauf des emittierten Lichts als Funktion der Wellenlänge. Durch die Kalibrierung mit Standardproben bekannter Zusammensetzung ist es möglich, den Intensitätswerten Konzentrationswerte zuzuordnen.

Für die Untersuchungen wurde ein Glimmentladungsspektrometer vom Typ GDS-750 QDP (Leco) verwendet. Gesputtert wurde mit einer DC-Glimmentladung, wobei der Spotdurchmesser ca. 4 mm betrug. Die Schichten wurden auf Siliziumwafer abgeschieden,

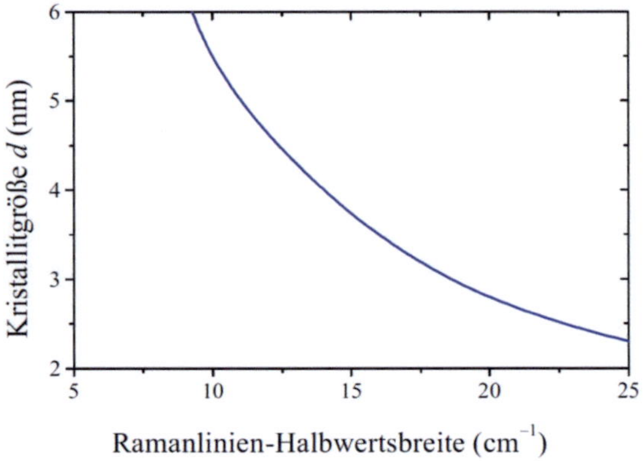

Abb. 4.14.: Zusammenhang zwischen Kristallitgröße und Halbwertsbreite der Raman-Linie bei 520 cm^{-1} für mikrokristalline Siliziumschichten (aus [90]).

da für die DC-Glimmentladung ein leitfähiges Substrat zur elektrischen Kontaktierung benötigt wird. Abbildung 4.15 zeigt beispielhaft das GDOES-Tiefenprofil einer 600 nm dicken, amorphen Siliziumschicht, die mit einem Gasgemisch aus Silan, Wasserstoff und Argon abgeschieden wurde.

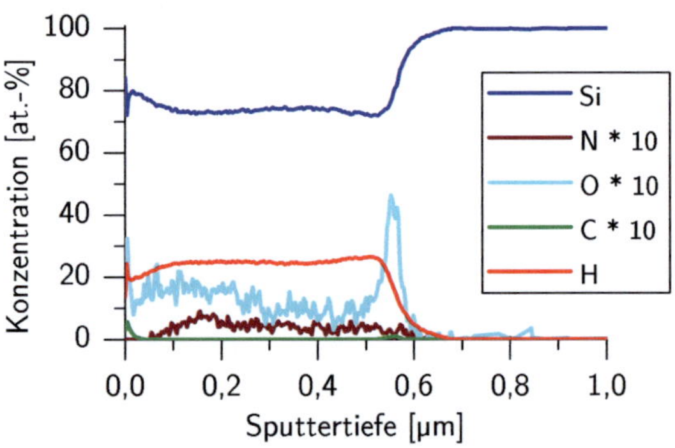

Abb. 4.15.: GDOES-Tiefenprofil einer 600 nm dicken amorphen Siliziumschicht mit einem Wasserstoffgehalt von ca. 20 at.-%, abgeschieden auf einem Siliziumwafer.

5. Bestimmung der Plasmaparameter in gepulsten DC-Plasmen

In Abschnitt 2.2.2 wurde der Zusammenhang zwischen der Energie im Plasma und der Bildung bestimmter Radikale durch Dissoziation von Silan dargestellt. Da in der vorliegenden Arbeit statt der üblichen HF-Plasmen mittelfrequent gepulste DC-Plasmen eingesetzt wurden, treten auch andere Energien und damit Radikaldichten als in HF-Plasmen auf. Mit Hilfe der Plasmasondenmessung soll geklärt werden, wie groß dieser Unterschied ist und welche Auswirkungen sich auf die Schichtbildung ergeben.

5.1. Vergleich von Puls- und Prozessmodi beim Magnetron-PECVD-Prozess

Vom reaktiven Sputtern ist bekannt, dass es wegen der unterschiedlichen Anodenkonfigurationen signifikante Unterschiede zwischen dem unipolaren und dem bipolaren Pulsmodus hinsichtlich der Plasmaparameter und damit auch der Schichteigenschaften gibt [91]. Im unipolaren Modus findet die Entladung zwischen Target und der Anode statt (Abbildung 4.5 a). Im bipolaren Modus dagegen stellt das jeweils andere Target die Anode dar (Abbildung 4.5b). Elektronen, die sich zu dem Target, das gerade als Anode geschaltet ist, bewegen, werden durch das Magnetfeld auf Zykloidbahnen gezwungen und in ihrer Beweglichkeit gehemmt. Das hat zur Folge, dass die Anode für Elektronen schlechter erreichbar ist. Man spricht in diesem Fall von einer magnetisch abgeschirmten Anode. Für das verwendete Doppel-Ring-Magnetron wurden diese Zusammenhänge in [63] und [91] untersucht. Durch die magnetisch abgeschirmte Anode (bipolarer Pulsmodus) herrscht eine erhöhte Plasmadichte in Substratnähe. Ebenso findet ein starkes Bombardement des Substrates mit energiereichen Teilchen statt. Daraus ergibt sich eine erhöhte thermische Substratbelastung.

Zur Untersuchung der Plasmaparameter beim Magnetron-PECVD-Prozess wurden neben den Experimenten im PECVD-Betrieb auch Versuche im reinen Sputterbetrieb durchgeführt. Daraus ergeben sich vier untersuchte Puls- bzw. Prozessmodi, die in Tabelle 5.1 zusammengefasst sind. Der Zusatz von Argon zum Silan verbessert die Langzeitstabilität des Prozesses, hat aber auch Einfluss auf die Schichteigenschaften (siehe Abschnitt 6.1). Alle Sondenmessungen wurden bei einer Gesamtleistung von 1,25 kW (1 kW am Außentarget und 0,25 kW am Innentarget) durchgeführt.

Tab. 5.1.: Prozessparameter zur Untersuchung der Plasmaparameter im Magnetron-PECVD-Prozess bei unterschiedlichen Prozessmodi (PVD unipolar, PVD bipolar, PECVD unipolar, PECVD bipolar). PVD meint in diesem Fall reines Sputtern im Argonplasma. PECVD steht für plasmachemische Abscheidung aus dem Prekursor Silan mit Wasserstoff und Argon.

Prozess	Pulsmodus	Ar [sccm]	SiH_4 [sccm]	H_2 [sccm]	p [Pa]
PVD	unipolar	80	-	-	0,4
PVD	bipolar	80	-	-	0,4
PECVD	unipolar	10	15	100	0,7
PECVD	bipolar	10	15	100	0,7

Bei den Untersuchungen wurden für jeden Modus 10 Sondenkennlinien mit der Langmuir-Doppelsonde aufgenommen und gemäß Abschnitt 4.2.1 ausgewertet. Die in Abbildung 5.1 angegebenen Werte stellen jeweils Mittelwerte aus 10 Messungen dar. Es zeigt sich für den PVD-Betrieb (reines Sputtern) ein bekanntes Verhalten [68]. Im bipolaren Modus herrscht aufgrund der magnetisch abgeschirmten Anode eine höhere Plasmadichte als im unipolaren Modus. Im unipolaren Modus dagegen liegt eine höhere Elektronentemperatur vor.

Werden im PECVD-Modus zusätzlich Silan und Wasserstoff eingelassen, ergeben sich für alle gemessenen Plasmakenngrößen im Vergleich zum Sputtern stark erhöhte Werte. Der grundsätzliche Unterschied zwischen unipolarer und bipolarer Prozessführung bleibt jedoch erhalten.

Typischerweise betragen die Elektronendichten n_e in HF- bzw. VHF-PECVD-Plasmen $10^9\,\mathrm{cm}^{-3}$ bzw. $5\ldots10\times10^9\,\mathrm{cm}^{-3}$ [6], im Mikrowellenplasma $2\ldots8\times10^{10}\,\mathrm{cm}^{-3}$ [55]. Für den Magnetron-PECVD-Prozess im bipolaren Modus werden dagegen Werte von $1,2\times10^{11}\,\mathrm{cm}^{-3}$ gemessen. Die Elektronentemperatur im Magnetron-PECVD-Prozess beträgt rund 10 eV. Typische Werte für die Elektronentemperatur liegen beim HF/VHF-PECVD um die 2,3 eV [92, 93] und für Mikrowellenanregung bei 5 eV [55].

Die hohe Plasmadichte und die hohe Ionenstromdichte zum Substrat erlauben es, besonders dichte Schichten abzuscheiden, die frei von Voids und Pinholes sind. Damit ist zu erwarten, dass die höhere Plasmadichte im bipolaren Modus auch im PECVD-Betrieb zu besseren Schichteigenschaften führt (siehe Abschnitt 6.1).

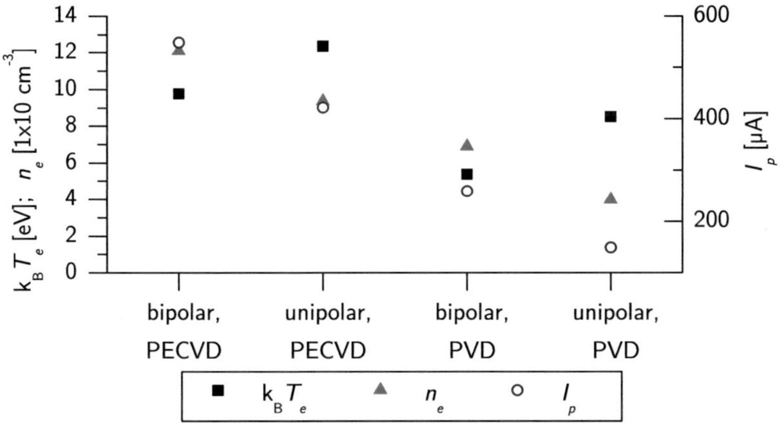

Abb. 5.1.: Plasmaparameter Elektronentemperatur $k_B T_e$, Elektronendichte n_e und Ionensättigungsstrom I_p für verschiedene Puls- und Prozessmodi entsprechend Tabelle 5.1 bei einer Leistung von 1,3 kW. Die Messwerte stellen Mittelwerte aus jeweils 10 Experimenten dar.

5.2. Variation des Wasserstoffflusses

Wie im Abschnitt 2.2 dargestellt wurde, lassen sich durch den zusätzlichen Einlass von Wasserstoff zum Prekursor Silan die Schichteigenschaften wesentlich verbessern. Im Folgenden soll der Einfluss der Zugabe von Wasserstoff auf die Plasmaparameter untersucht werden.

In Abbildung 5.2a ist der Einfluss von Wasserstoff auf die Elektronentemperatur $k_B T_e$ dargestellt. Es zeigt sich, dass der zusätzliche Einlass von Wasserstoff zum Silan einen starken Anstieg der Elektronentemperatur zur Folge hat. Ebenso verhält es sich mit der Plasmadichte n_e (Abbildung 5.2b) und dem Ionensättigungstrom I_p (Abbildung 5.2c).

Im Bereich von 0 bis 100 sccm Wasserstoff gibt es einen lineraren Anstieg von T_e in Abhängigkeit vom Wasserstofffluss. Die weitere Erhöhung des Wasserstoffflusses führt zu einer sprunghaften Abnahme der Elektronentemperatur im Bereich zwischen 100 und 150 sccm Wasserstoff. Danach setzt sich der Verlauf linear, jedoch mit einem etwas steileren Anstieg, fort. Die beiden Bereiche sind in Abbildung 5.2a durch die zwei linearen Anpassungen zu erkennen. Betrachtet man den gesamten Verlauf, kann unter Einbeziehung der Messunsicherheit auch von einem Zwischenminimum bei 150 sccm gesprochen werden. Die Messwerte für Plasmadichte (Abbildung 5.2b) und Ionensättigungsstrom (Abbildung 5.2c) weisen einen ähnlichen Verlauf mit Zwischenminimum auf.

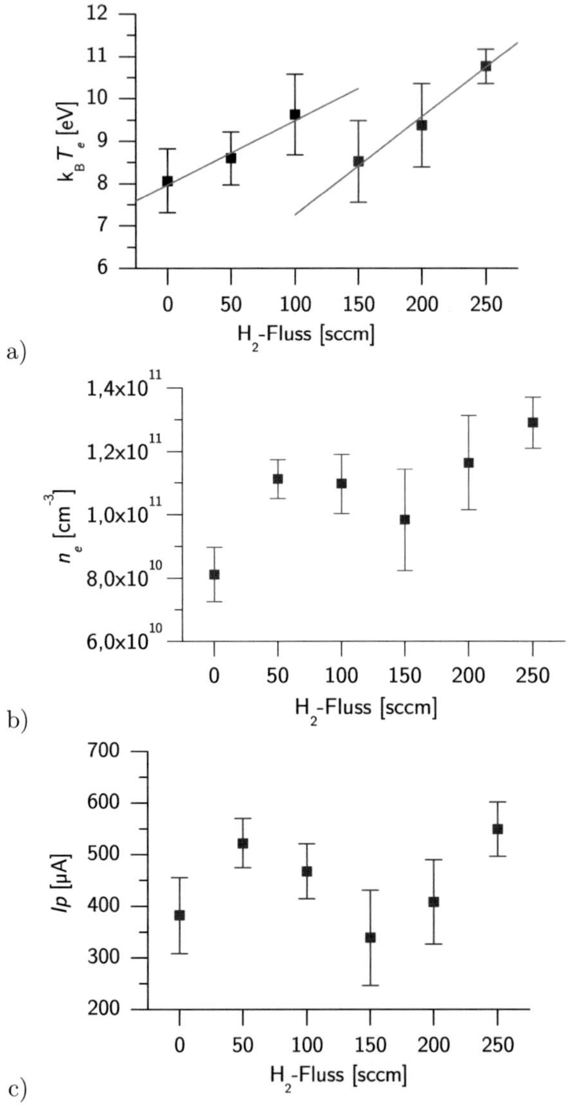

Abb. 5.2.: Abhängigkeit a) der Elektronentemperatur $k_B T_e$, b) der Plasmadichte n_e und c) des Ionensättigungsstromes I_p als Funktion des Wasserstoffflusses. Die beiden Linien in Abbildung a) sind lineare Anpassungen zur Hervorhebung der zwei Bereiche. 15 sccm Silan, 15 sccm Argon, Leistung 1,3 kW, Pulsmodus: bipolar (Mittelwerte aus jeweils 10 Experimenten).

Die im folgenden diskutierte Hypothese zur Erklärung dieses festgestellten Verlaufes bezieht sich auf die Elektronentemperatur. Sie kann analog auf Plasmadichte und Ionensättigungsstrom übertragen werden.

Aus dem linearen Anstieg von T_e, der sprunghaften Abnahme und der linearen Fortsetzung wird vermutet, dass es sich um eine Überlagerung von zwei Effekten handelt. Effekt 1 bewirkt eine stetige Zunahme von T_e, Effekt 2 verursacht ebenfalls eine Zunahme von T_e aber mit schwächer werdender Wirkung (Abbildung 5.3). Bei einem H-Fluss von 150 sccm geht der Einfluss von Effekt 2 stark zurück, so dass es zu der festgestellten sprunghaften Abnahme von T_e kommt. Der sich anschließende lineare Anstieg kann durch die Annahme erklärt werden, dass der Einfluss von Effekt 2 ein Sättigungsverhalten aufweist und somit der weitere Verlauf von Effekt 1 dominiert wird.

Für Effekt 1 wurde ein einfacher exponentieller Zusammenhang zwischen Wasserstofffluss und Elektronentemperatur angenommen:

$$y1(x) \quad = \quad A * exp(Bx). \tag{5.1}$$

Zur Beschreibung von Effekt 2 wurde die Boltzmann-Funktion, eine Funktion aus der Klasse der Sigmoid-Funktionen, verwendet:

$$y2(x) \quad = \quad A_2 + \frac{A_1 - A_2}{1 + exp(\frac{x - x_0}{c})}. \tag{5.2}$$

Die Boltzmann-Funktion liefert eine sehr gute analytische Beschreibung von Wachstumsprozessen mit Sättigungsverhalten. Dabei stellen die Parameter $A1$ und $A2$ die untere und die obere Schranke der Funktionswerte dar. x_0 bezeichnet den Wendepunkt der Funktion mit dem Funktionswert $y2(x_0) = \frac{A1+A2}{2}$. Der Parameter c beschreibt die Steigung im Mittelteil der Funktion zwischen den Werten $A1$ und $A2$, wobei größere Werte von c eine flachere Kurve erzeugen. In Abbildung 5.3 sind die beiden genannten Modellfunktionen $y1$ und $y2$ zusammen mit der Überlagerung der beiden Effekte $y1+y2$ sowie den Messwerten dargestellt. Die verwendeten Modellparameter sind in Tabelle 5.2 zusammengefasst.

Abbildung 5.3 zeigt, dass mit den gemachten Annahmen eine gute Beschreibung des Verlaufs von T_e in Abhängigkeit vom Wasserstofffluss möglich ist.

In [12] wurde eine Mikrowellenquelle zur Erzeugung eines Silan-Wasserstoff-Plasmas untersucht. In den Vorbetrachtungen wird als Grundlage Bezug auf mehrere Arbeiten zu HF-Plasmen zur Abscheidung von Siliziumschichten genommen. Unter anderem wird in [94] festgestellt, dass es durch die Wirkung von Wasserstoff zu einem Anstieg der Elektronentemperatur kommt, ohne allerdings näher auf mögliche Ursachen einzugehen. In der Modellierung des Verlaufs der Elektronentemperatur im Magnetron-PECVD-Prozess (Abbildung 5.3) entspricht diese Wirkung dem Effekt 1 bzw. Gleichung (5.1).

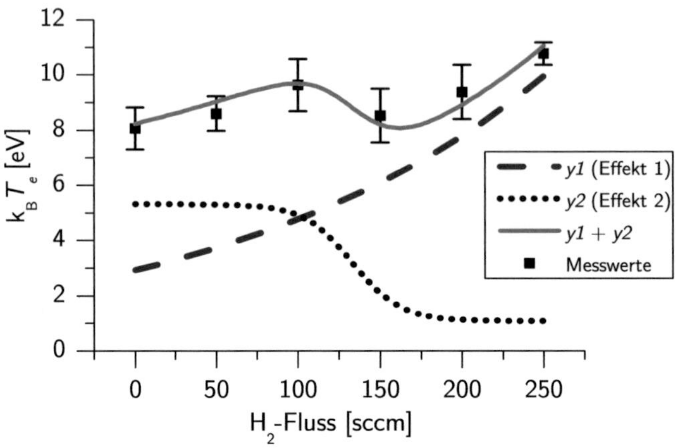

Abb. 5.3.: Mathematisches Modell zur Beschreibung des Verlaufes der Elektronentemperatur. Effekt 1: Gleichung (5.1); Effekt 2: Gleichung (5.2). Die verwendeten Modellparameter sind in Tabelle 5.2 genannt.

Es wird daher angenommen, dass die Zugabe von Wasserstoff aufgrund der Wechselwirkungen mit dem Prekursor Silan in einem Silan-Wasserstoff-Plasma immer einen Anstieg der Elektronentemperatur zur Folge hat, unabhängig von der Art der Energieeinkopplung in das Plasma. Da sich die genannten Anregungsarten jedoch erheblich in ihren Plasmaparametern unterscheiden, wird vermutet, dass die Stärke des Einflusses von Wasserstoff auf die Elektronentemperatur von der Art der Anregung abhängt. In HF- bzw. VHF-Plasmen und in den zitierten Mikrowellenplasmen erfolgt die Energieeinkopplung jeweils mit einem Sinusgenerator. Der Magnetron-PECVD-Prozess dagegen wird mit mittelfrequent gepulster Gleichspannung betrieben.

Tab. 5.2.: Modellparameter für die Gleichungen (5.1) und (5.2).

Modell	Parameter	Wert
$y1$	A	2,925 eV
	B	0,0049 sccm^{-1}
$y2$	A1	5,306 eV
	A2	1,078 eV
	x_0	133,120 sccm
	c	14,721 sccm

Der Verlauf von Effekt 2 deutet darauf hin, dass es einen Wechsel zwischen zwei Zuständen gibt. Betreibt man mit dem verwendeten Magnetron einen reaktiven Sputterprozess, steht so ein Wechsel zwischen zwei Zuständen in Zusammenhang hinsichtlich der Bedeckung des Targets durch Reaktivgas [63]. Im sogenannten Metallzustand ist die Targetoberfläche frei von Reaktionsprodukten, im Reaktivzustand dagegen ist sie vollständig mit Reaktionsprodukten bedeckt. Da sich diese beiden Targetzustände erheblich in der Sputterausbeute und in der Sekundärelektronenemission unterscheiden, führen sie zu stark unterschiedlichen Prozessbedingungen.

Der diskutierte Einfluss des Targetbedeckungsgrades äußert sich unter anderem auch in der Plasmaimpedanz und wird als Änderung der Entladungs- bzw. der Targetspannung sichtbar. In Abbildung 5.4 ist die Targetspannung an Außen- und Innentarget in Abhängigkeit vom Wasserstofffluss dargestellt.

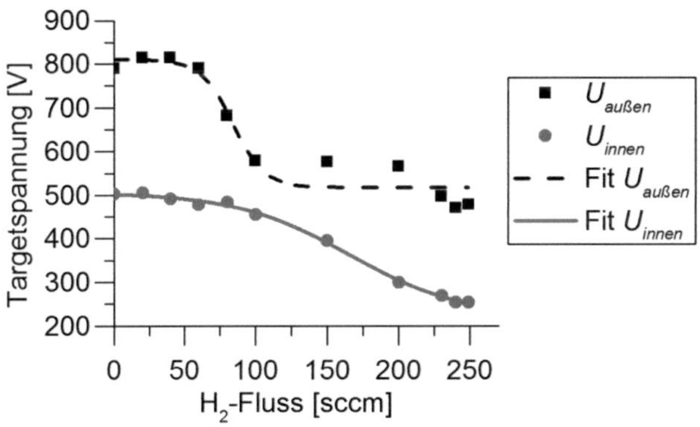

Abb. 5.4.: Messwerte und Fitkurven der Targetspannungen von Innen- und Außentarget in Abhängigkeit vom Wasserstofffluss. Die Messpunkte wurden mit einer Boltzmann-Sigmoidfunktion gefittet. 15 sccm Silan, 15 sccm Argon, Leistung 1,3 kW.

Es zeigt sich, dass der Verlauf der Targetspannung ebenfalls durch eine Boltzmann-Sigmoidfunktion angenähert werden kann. Dies unterstützt die Vermutung, dass der Effekt 2 durch die Bedeckung des Targets mit Wasserstoff verursacht wird.

In [95] wurde der Einfluss von verschiedenen Gasen auf die Sekundärelektronenemission untersucht. Unter den Gasen befand sich neben Sauerstoff und Stickstoff auch Wasserstoff. Als Targetmaterialien dienten Tantal und Platin. Zunächst wurde das Target durch Ausheizen gereinigt, um dann für 5 min einer Atmosphäre aus dem zu untersuchenden Gas ausgesetzt zu werden.

Die bedeckte Targetoberfläche wurde danach mit Argonionen aus einer Ionenquelle mit einer Energie zwischen 0 und 130 eV beschossen. Dabei wurde die Sekundärelektronenausbeute bestimmt.

Für Wasserstoff ergaben sich folgende Befunde: Die beiden Materialien Tantal und Platin zeigen nach der Behandlung mit Wasserstoff unterschiedliche Verhalten. Beim Tantaltarget kommt es im Bereich von 0 bis 40 eV zu einer Reduktion der Sekundärelektronenausbeute. Im Bereich von 40 bis 130 eV tritt eine Erhöhung der Sekundärelektronenausbeute bis zum Faktor 4 ein. Beim Platintarget dagegen führt die Bedeckung mit Wasserstoff zu einer Reduktion der Sekundärelektronenausbeute im gesamten Bereich von 0 bis 130 eV bis um den Faktor 2. Abhängig vom Targetmaterial kann eine Bedeckung mit Wasserstoff also eine Erhöhung oder eine Verminderung der Sekundärelektronenemission zur Folge haben.

Wie in Abschnitt 2.1.1 dargelegt wurde, fällt die Targetspannung fast vollständig über der Plasmarandschicht ab. Entsprechend der Targetspannung erhalten geladene Plasmateilchen in der Plasmarandschicht ihre kinetische Energie. Nimmt die Targetspannung ab (Abbildung 5.4) werden die Plasmateilchen in der Plasmarandschicht durch das elektrische Feld weniger stark beschleunigt. Daraus ergibt sich der geringere Beitrag von Effekt 2 zur mittleren kinetischen Energie der Teilchen, was sich auch in der Elektronentemperatur äußert.

Ausgehend von den soeben erläuterten Ergebnissen aus [95] und den eigenen Ergebnissen in den Abbildungen 5.3 und 5.4 wird angenommen, dass im hier untersuchten Prozess mit einem Siliziumtarget die Bedeckung des Targets mit Wasserstoff zu einer Zunahme der Sekundärelektronenemission und somit zu der festgestellten Abnahme der Targetspannung führt. Dies erklärt den Verlauf von Effekt 2 in Abbildung 5.3.

In [68] wurde das Doppel-Ring-Magnetron ebenfalls mit einem Siliziumtarget betrieben. Untersucht wurde ein Sputterprozess zur reaktiven Abscheidung von optischen Schichtsystemen. Aufgrund der Messergebnisse wurde dort ebenfalls vermutet, dass die Sekundärelektronenausbeute und die Elektronentemperatur direkt proportional zueinander sind. Ob die steigende Sekundärelektronenausbeute, hervorgerufen durch einen höheren Wasserstofffluss, alleinige Ursache für die Zunahme der Elektronentemperatur ist, kann an dieser Stelle nicht abschließend geklärt werden.

Die Parameter $A1$ und $A2$ in Gleichung (5.2) repräsentieren nach dieser Theorie also die beiden Targetzustände *unbedeckt* und *bedeckt*. Der Parameter c gibt an, wie schnell der Wechsel zwischen den beiden Zuständen in Abhängigkeit von den Prozessparametern (hier: Wasserstoff) vonstatten geht. Es ist anzunehmen, dass weitere Parameter wie eingespeiste Leistung oder Prozessdruck ebenfalls den Parameter c beeinflussen.

Mit den gemachten Annahmen ist es möglich, den auffälligen Verlauf der Elektronentemperatur als Funktion vom Wasserstofffluss zu beschreiben. Im Rahmen dieser Arbeit konnten die verwendeten Modellparameter jedoch nur qualitativ mit den Prozessbedingungen in Zusammenhang gebracht werden. Eine quantitative Beschreibung der Modellparameter durch die Prozessbedingungen erfordert weiterführende Arbeiten.

5.3. Variation des Silanflusses

Im Folgenden wird der Einfluss des schichtbildenden Prekursors Silan auf die Plasmaparameter untersucht. Dabei zeigt sich, dass die Variation des Silanflusses so gut wie keinen Einfluss auf die Plasmaparameter hat. Dies soll beispielhaft für die Elektronentemperatur T_e (Abbildung 5.5) erläutert werden, für die Elektronendichte n_e und den Ionensättigungsstrom I_p (Abbildungen 5.6 und 5.7) gilt die Diskussion analog.

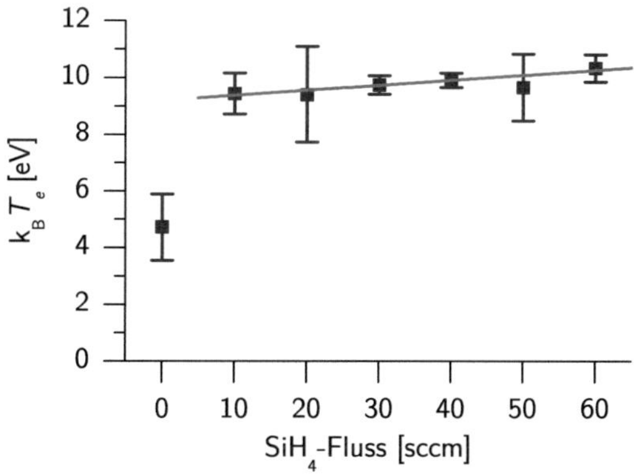

Abb. 5.5.: Elektronentemperatur als Funktion vom Silanfluss. Prozessgase: 100 sccm Wasserstoff, 15 sccm Argon. Leistung 1,3 kW. Durch die Gerade wurde der Bereich für einen Silanfluss > 0 angefittet. Die Werte stellen Mittelwerte aus jeweils 10 aufgenommenen Sondenkennlinien dar.

Die Größe der Elektronentemperatur wird im Wesentlichen durch den konstanten Wasserstofffluss vorgegeben. Sie beträgt bei einem Wasserstofffluss von 100 sccm 9,6 eV (Abbildung 5.2a). Variiert man den Silanfluss bei einem konstanten Wasserstofffluss von 100 sccm, bleibt die Elektronentemperatur in dem Bereich, der durch den Wasserstofffluss vorgegeben wird. Der nur geringe Einfluss der Silanmenge in der Entladung wird durch die Regressionsgerade in Abbildung 5.5 deutlich.

Betrachtet man den Schritt von 0 sccm auf 10 sccm Silan, zeigt sich jedoch, dass Silan in der Entladung benötigt wird, damit der starke Einfluss vom Wasserstoff auf die Elektronentemperatur zum Tragen kommt. Ohne Silan beträgt der Wert für der Elektronentemperatur T_e etwa 4,7 eV. Mit Silan steigt T_e auf über 9 eV und bleibt dann bei weiterer Erhöhung des Silanflusses annähernd konstant. Es scheint also ein Zusammenhang zwischen dem Vorhandensein von Silan in der Entladung und dem Einfluss von Wasserstoff zu bestehen. Die Zugabe von Silan ist dem Anschein nach notwendig, damit Wasserstoff den in Abschnitt 5.2 diskutierten Einfluss auf die Plasmaparameter hat.

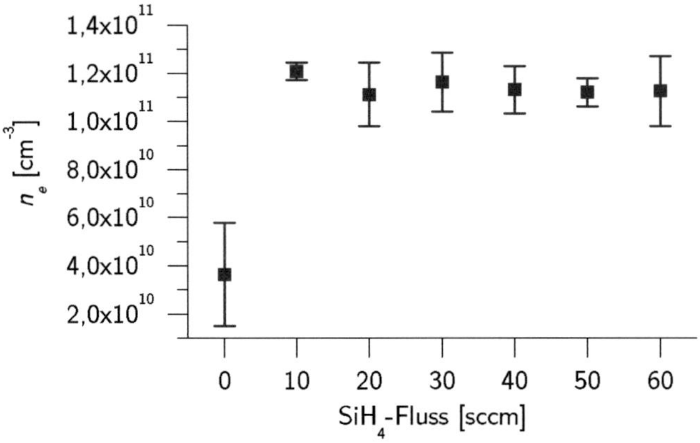

Abb. 5.6.: Plasmadichte als Funktion vom Silanfluss. 100 sccm Wasserstoff, 15 sccm Argon, Leistung 1,3 kW (Mittelwerte aus jeweils 10 Experimenten).

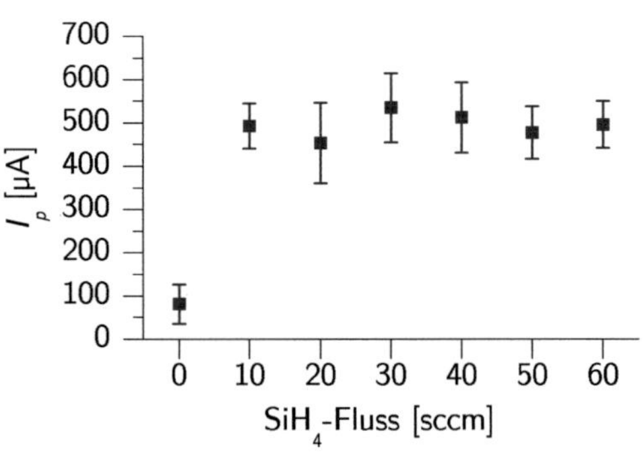

Abb. 5.7.: Ionensättigungsstrom als Funktion vom Silanfluss. 100 sccm Wasserstoff, 15 sccm Argon, Leistung 1,3 kW (Mittelwerte aus jeweils 10 Experimenten).

5.4. Variation des Argonflusses

Argon gibt man zum Silan-Wasserstoff-Plasma dazu, um den Abscheideprozess stabiler zu bekommen (siehe Abschnitt 6.1). Die Darstellung des Einflusses von Argon in der Entladung (Abbildung 5.8) soll analog zu Abschnitt 5.3 ebenfalls anhand der Elektronentemperatur erfolgen.

Bei einem Argonfluss im Bereich von 15 bis 25 sccm zeigt sich wie beim Silan kein signifikanter Einfluss auf die Elektronentemperatur (Abbildung 5.8). Erst ab Argonflüssen von über 25 sccm tritt ein leichter Abfall von T_e auf. Argon hat somit, analog zum Silan, keinen wesentlichen Einfluss auf die Elektronentemperatur.

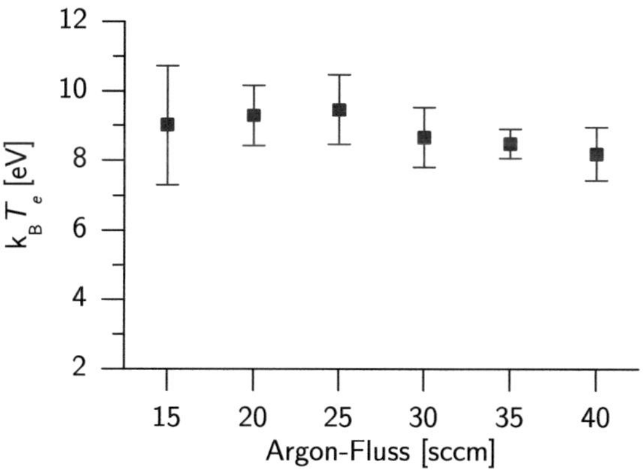

Abb. 5.8.: Elektronentemperatur als Funktion vom Argonfluss. 100 sccm Wasserstoff, 15 sccm Silan, Leistung 1,3 kW. (Mittelwerte aus jeweils 10 Experimenten).

Die Plasmadichte und der Ionensättigungsstrom in Abhängigkeit vom Argonfluss sind in den Abbildungen 5.9 und 5.10 dargestellt. Zwischen 15 und 30 sccm Argon steigen die Elektronendichte n_e und der Ionensättigungsstrom I_p an. Bei Argonflüssen von mehr als 30 sccm bleibt I_p annähernd konstant, während n_e leicht abfällt.

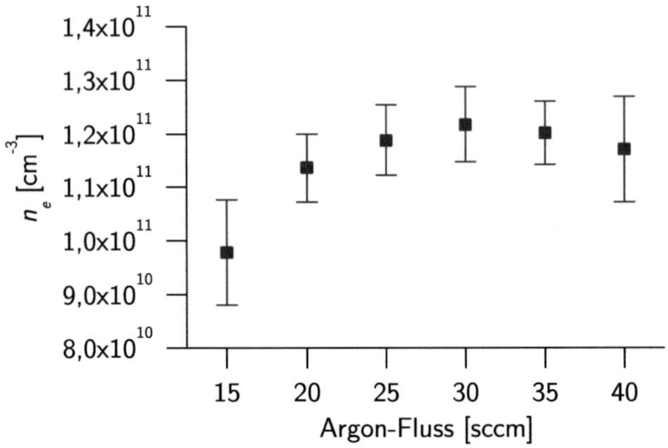

Abb. 5.9.: Plasmadichte als Funktion vom Argonfluss. 100 sccm Wasserstoff, 15 sccm Silan, Leistung 1,3 kW (Mittelwerte aus jeweils 10 Experimenten).

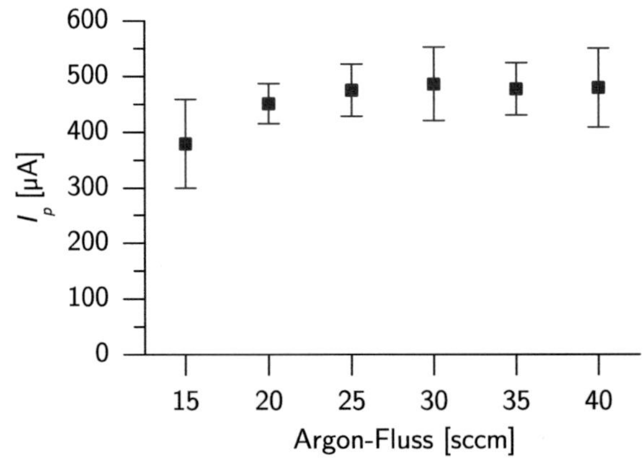

Abb. 5.10.: Ionensättigungsstrom als Funktion vom Argonfluss. 100 sccm Wasserstoff, 15 sccm Silan, Leistung 1,3 kW (Mittelwerte aus jeweils 10 Experimenten).

5.5. Zusammenfassung

Der Wasserstofffluss sorgt im Magnetron-PECVD-Prozess für einen drastischen Anstieg von Elektronentemperatur, Elektronendichte und Ionensättigungsstrom. Aufgrund der Energien im Plasma (hohe Elektronentemperatur) ist von einer starken Anregung und Aktivierung des Silans auszugehen. Damit kann eine gute Ausnutzung des Prekursors und eine relativ hohe Beschichtungsrate erreicht werden.

Nach [26] kann in einem Niederdruckplasma für die Geschwindigkeiten der Elektronen von einer Maxwell-Boltzmann-Verteilung ausgegangen werden. Die Energieverteilung der Elektronen ist nach [96]:

$$\frac{dn_e}{dE} = n_e\sqrt{\frac{2}{\pi}}\left(\frac{1}{k_B T_e}\right)^{\frac{3}{2}}\sqrt{E}\,exp\left(-\frac{E}{k_B T_e}\right) \tag{5.3}$$

mit der Elektronendichte n_e, der Teilchenenergie E, der Boltzmannkonstanten $\mathrm{k_B}$ und der Temperatur T_e[1] der Elektronen.

Zum Vergleich der Energien im Magnetron-PECVD-Plasma mit anderen Plasmaprozessen zur Abscheidung von Siliziumschichten aus einem Silan-Wasserstoff-Plasma wurden aus den Messwerten für T_e und n_e mit Gleichung (5.3) die Elektronenenergieverteilungen berechnet (Abbildung 5.11). Für den Magnetron-PECVD-Prozess wurden dabei die Werte $\mathrm{k_B}T_e = 9,6\,\mathrm{eV}$ und $n_e = 1,1 \cdot 10^{11}\,\mathrm{cm}^{-3}$ eingesetzt, da hier bei der zugehörigen Gaszusammensetzung (15 sccm Silan, 10 sccm Argon, 100 sccm Wasserstoff) die besten Schichteigenschaften erzielt wurden (Kapitel 6).

Die Energieverteilungen der HF- und VHF-Prozesse haben ihr Maximum bei einer Energie von rund 0,5 eV (HF - rote Linie, VHF - grüne Linie). Der Unterschied in den beiden Verläufen liegt in der höheren Plasmadichte des VHF-Prozesses (ca. $10^{10}\,\mathrm{cm}^{-3}$) im Gegensatz zum HF-Prozess (ca. $10^{9}\,\mathrm{cm}^{-3}$). Durch die höhere Frequenz kommt es zu mehr Elektronenstößen und somit zu einem höheren Ionisationsgrad bzw. zu einer höheren Plasmadichte. Als weitere Folge ist der hochenergetische Ausläufer der Verteilung bei VHF-Anregung stärker ausgeprägt als bei HF-Anregung.

Einen ähnlichen Verlauf weist in Abbildung 5.11 die Anregung mit Mikrowellen auf. Es gibt ein deutlich ausgeprägtes Maximum bei rund 1 eV. Allerdings ist hier die Plasmadichte um noch eine Größenordnung höher als beim VHF-Prozess (ca. $10^{11}\,\mathrm{cm}^{-3}$). Durch die höhere Elektronentemperatur und die höhere Plasmadichte ist hier der Ausläufer mit den hohen Energien noch wesentlich stärker ausgeprägt als beim VHF-Prozess.

[1] T_e bezeichnet hier die absolute Temperatur.

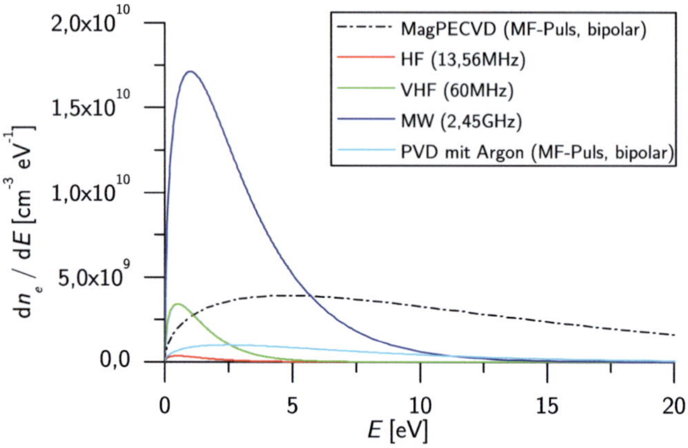

a)

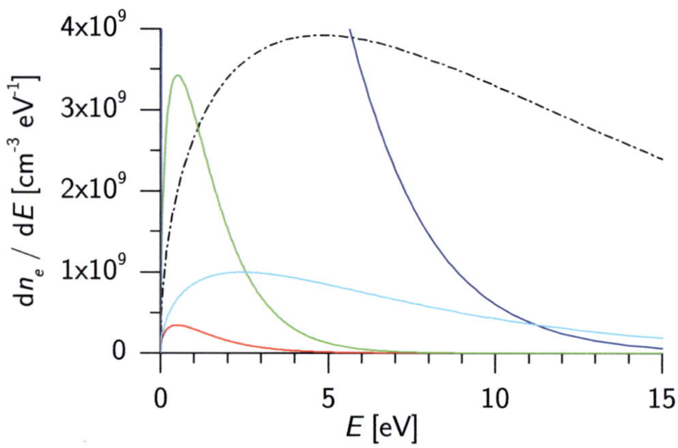

b)

Abb. 5.11.: Energieverteilung der Elektronen für verschiedene Prozesse zur Abscheidung von Silizium aus einem Silan-Wasserstoff-Plasma sowie einem Sputterprozess in reinem Argon (Verläufe für Magnetron-PECVD und PVD berechnet aus eigenen Messwerten für T_e und n_e. Magnetron-PECVD: 9,6 eV und $1,1 \cdot 10^{11}\,\mathrm{cm}^{-3}$ bei 15 sccm Silan, 10 sccm Argon und 100 sccm Wasserstoff. PVD: 4,85 eV und $1,4 \cdot 10^{10}\,\mathrm{cm}^{-3}$. Verläufe anderer PECVD-Prozesse berechnet mit Werten aus [6] und [12]). Die Abbildungen a) und b) unterscheiden sich nur in der Skalierung der y-Achse.

Die Energieverteilung des hier untersuchten Magnetron-PECVD-Prozesses zeigt eine ganz andere Verteilung. Als erstes fällt auf, dass sich das Maximum über einen sehr breiten Bereich erstreckt. Verglichen mit den bisher diskutierten Verläufen, ist der Abfall im hochenergetischen Teil eher schwach ausgeprägt. Der Anteil an hochenergetischen Elektronen ist somit um ein Vielfaches höher (hier ab 5,7 eV; Schnittpunkt der blauen und der schwarzen Kurve) als in den Prozessen, die standardmäßig zur Abscheidung von Siliziumschichten eingesetzt werden.

Durch die Werte von Elektronentemperatur und Plasmadichte ergibt sich ein erheblicher Unterschied zu den in Abschnitt 3 vorgestellten Plasmaverfahren. Bewertet man die soeben diskutierten Resultate im Hinblick auf die Modellvorstellung zur Schichtbildung im Silan-Wasserstoff-Plasma (Abschnitt 2.2.2), so ist davon auszugehen, dass die Dichten der Spezies SiH_2 und SiH in der Entladung viel höher sind als in den Vergleichsprozessen (Abbildung 2.10). Es ist also zu vermuten, dass sich die unterschiedlichen Radikaldichten auch in den Schichteigenschaften niederschlagen. Die Bestimmung und Diskussion der Schichteigenschaften erfolgt in Kapitel 6.

Nimmt man eine Maxwell-Boltzmann-Verteilung der Elektronenenergien an, ergibt sich folgender Zusammenhang zwischen der Elektronentemperatur T_e und der Selbstbiasspannung U_{SB} [19]:

$$U_{SB} \quad = \quad \frac{\mathrm{k_B} T_e}{2\mathrm{e}} \cdot \ln \frac{m_i}{2,73 \cdot m_e} \tag{5.4}$$

mit der Ionenmasse m_i, der Elektronenmasse m_e, der Boltzmannkonstanten $\mathrm{k_B}$ und der Elementarladung e.

Aus Gleichung (5.4) geht hervor, dass eine hohe Elektronentemperatur eine hohe Selbstbiasspannung zur Folge hat. Durch die Selbstbiasspannung werden Gasionen aus dem Rumpfplasma in Richtung Substrat beschleunigt. Dadurch kommt es zum Beschuss der aufwachsenden Schicht mit Ionen. Durch die ermittelten Werte für die Elektronentemperatur ist also von einer hohen Selbstbiasspannung und daher von einen starken Beschuss der aufwachsenden Schicht auszugehen. Betrachtet man als Beispiel einfach positiv geladene Argonionen (durch Zugabe von Argon zur Entladung), ergeben sich hier mit den gemessenen Elektronentemperaturen von $T_e = 8,1 \ldots 11,0\,\mathrm{eV}$ Selbstbiasspannungen von $U_{SB} = 41 \ldots 56\,\mathrm{V}$. Der große Unterschied in der Selbstbiasspannung zu anderen PECVD-Prozessen zur Abscheidung von Siliziumdünnschichten aus einem Silan-Wasserstoff-Plasma ist aus Tabelle 5.3 ersichtlich.

Von anderen Beschichtungsprozessen ist bekannt, dass durch eine hohe Ionenstromdichte zum Substrat mit niedriger Energie die Oberfläche aktiviert und die Oberflächendiffusion der schichtbildenden Teilchen unterstützt wird. Dadurch können sehr dichte Schichten abgeschieden werden [97, 98]. Hohe Ionenenergien können zu Störungen im Schichtwachstum führen und die Schichteigenschaften negativ beeinflussen. Durch die

Tab. 5.3.: Selbstbiasspannung U_{SB} nach Gleichung (5.4) für den Magnetron-PECVD-Prozess im Vergleich mit HF- und VHF-PECVD.

Prozess	$k_B T_e$ [eV]	U_{SB} [V]	Quelle
HF 13,56 MHz	2,2	11	[92]
VHF 60 MHz	2,7	14	[93]
Magnetron-PECVD	9,0	46	-

hohe Selbstbiasspannung und die hohen Ionenströme kann im Magnetron-PECVD-Prozess davon ausgegangen werden, dass relativ viele hochenergetische Ionen das Substrat erreichen.

6. Abscheidung von amorphen Siliziumschichten

6.1. Prozessinbetriebnahme

Gemäß Abschnitt 1.1 erfolgt beim Magnetron-PECVD-Prozess die Schichtbildung aus dem Gas Silan und je nach Prozessführung auch durch gesputtertes Targetmaterial. Um bei der Analyse der Schichtzusammensetzung mittels GDOES (Abschnitt 4.3.5) unterscheiden zu können, welcher Anteil an gesputtertem Targetmaterial vorliegt, wurde für die Versuche zur Prozessinbetriebnahme ein Aluminium-Target für den Elementekontrast verwendet. Neben der Untersuchung der Schichtzusammensetzung erfolgten auch Untersuchungen zur Beschichtungsrate, zur Langzeitstabilität des Prozesses und zu den Schichteigenschaften wie Leitfähigkeit und Mikrostrukturparameter.

6.1.1. Versuche zum Pulsmodus

In Abschnitt 4.1.2 wurde der Unterschied zwischen dem unipolaren und dem bipolaren Pulsmodus erläutert. Die Frage nach dem geeigneten Pulsmodus zur Abscheidung von Siliziumdünnschichten im PECVD-Betrieb wurde im Verlauf von Vorversuchen geklärt. Für jeden Pulsmodus wurden Beschichtungen mit verschiedener Gaszusammensetzung (Silan in Kombination mit Wasserstoff und/oder Argon) durchgeführt. Schichten, die im unipolaren Modus abgeschieden wurden, wiesen eine hohe Defektdichte auf. Ebenso verfügten die unipolar abgeschiedenen Schichten über eine größere Rauheit als die bipolar abgeschiedenen. Teilweise kam es auch zu Pulverbildung. Es zeigte sich, dass die Schichten, die mit dem bipolaren Pulsmodus abgeschieden werden, eine bessere Qualität aufweisen als die unipolar abgeschiedenen Schichten. Ausgehend von diesen Ergebnissen wurden alle weiteren Experimente im bipolaren Pulsmodus durchgeführt.

Eine Erklärung für diesen Unterschied in der Schichtbildung bei den beiden verschiedenen Pulsmodi ist in den unterschiedlichen Plasmaparametern für den unipolaren und den bipolaren Pulsmodus zu finden (Abbildung 5.1). Im bipolaren Pulsmodus herrscht eine höhere Plasmadichte in substratnahen Bereichen vor. Diese führt offensichtlich zu einer besseren Umsetzung und Aktivierung des Prekursors Silan und somit zu einer besseren Schichtqualität. Außerdem führt eine höhere Ionenstromdichte im bipolaren Pulsmodus zu einem stärkeren energetischen Substratbeschuss und damit zu einer höheren thermischen Substratbelastung. Durch den Substratbeschuss kommt es zu einer Aktivierung des Schichtbildungsprozesses. Das heißt, dass die Oberflächenmobilität der schichtbildenden Teilchen und damit auch die Dichte der Schichten zunimmt [91].

6.1.2. Targetbedeckung und Langzeitstabilität

In einer Arbeit zur Verwendung von HMDSO (Hexamethyldisiloxan) als Prekursor im Magnetron-PECVD-Prozess [99] zeigte sich, dass während mehrerer Beschichtungsserien das Target mit einer isolierenden Schicht bedeckt wird. Das beeinflusst stark die Stabilität des Prozesses und kann unter Umständen zu starkem Arcing (Bogenentladung) führen. Gegebenenfalls muss das Target sogar nach einer gewissen Standzeit durch Sandstrahlen gereinigt werden.

a) Prozess mit Silan- bzw. Silan-Wasserstoff-Gemisch

Zunächst wurde der Prozess in reiner Silan-Atmosphäre bzw. in einer Silan-Wasserstoff-Atmosphäre betrieben. Es zeigte sich, dass die Targets vollständig mit der Siliziumschicht bedeckt werden. Mit gereinigten Targets sind somit nur einige wenige Beschichtungen möglich. Die zunehmende Bedeckung der Targets mit einer intrinsischen Siliziumschicht äußert sich in einer Zunahme der Entladungsspannung. Während eines einzelnen Beschichtungsprozesses mit einer Beschichtungszeit von 600 s stieg die Spannung am Innentarget von 420 V auf 440 V, die Spannung am Außentarget von 660 V auf 700 V. Damit sind für den Langzeitbetrieb mit reinem Silan oder einem Silan-Wasserstoff-Gemisch Probleme für die Prozessstabilität zu erwarten. Auf ein Reinigen der Targets in regelmäßigen Abständen kann unter diesen Bedingungen nicht verzichtet werden.

b) Prozess mit Argonzugabe

In Abbildung 6.1 ist ein Target nach dem Betrieb mit zusätzlichem Argon zum Silan oder zum Silan-Wasserstoff-Gemisch zu sehen. Das Target wird zwar auch wieder mit einer PECVD-Siliziumschicht bedeckt, bleibt aber im Bereich des Sputtergrabens frei. Durch die Sputterwirkung des Argons ist eine deutliche Verbesserung der Prozessstabilität zu verzeichnen.

Selbst nach drei Beschichtungsserien, die zu einer Gesamtschichtdicke von ca. 50 bis 100 µm führten, war ein stabiler Betrieb noch problemlos möglich. Ein kleines Defizit deutete sich aber dennoch an. Im Verlauf der Beschichtungsserien war im Betrieb mit Argon ein leichter Anstieg der Impedanz der Entladung zu beobachten. Jedoch war der Anstieg der Entladungsspannung im Vergleich zum Betrieb ohne Argon sehr gering, so dass mehrere zehn Beschichtungen möglich sind. Die Grenze für den Anstieg der Entladungsspannung liegt bei 800 V. Diese ist durch die verwendete Stromversorgung vorgegeben.

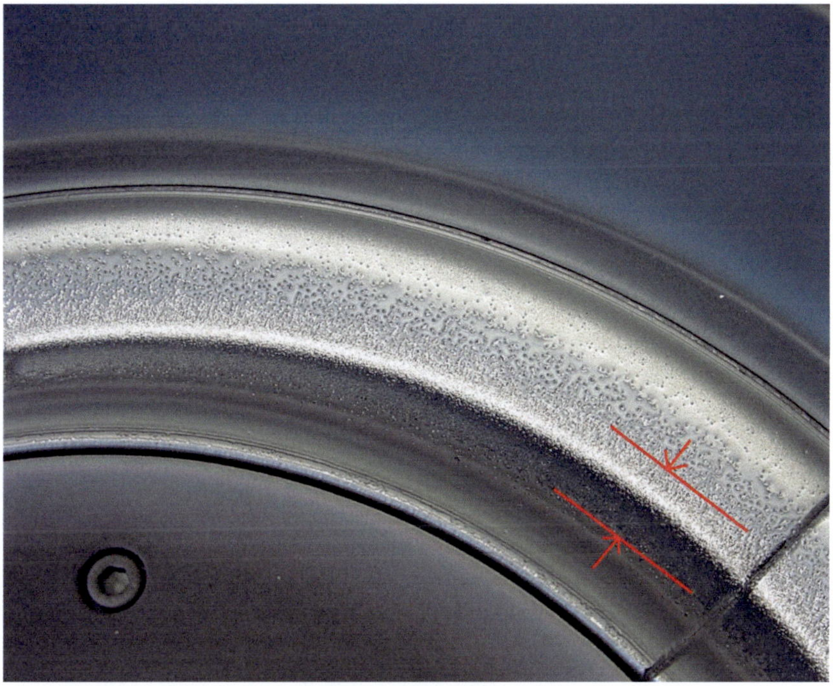

Abb. 6.1.: Target beim kombiniertem Gaseinlass von Silan, Wasserstoff und Argon (Schichtdicke 50 ... 100 µm). Der Sputtergraben (rote Markierung) ist bedeckungsfrei, während das Target sonst mit Silizium beschichtet ist.

6.1.3. Einbau von Targetmaterial

Im Betrieb mit reinem Silan oder einem Silan-Wasserstoff-Gemisch wird erwartungsgemäß kein Targetmaterial in die Schicht eingebaut, denn ohne Argon in der Entladung tritt kein Sputtereffekt des Targets auf. Dann überwiegt die Redeposition auf das Target den eigentlichen Sputterprozess. Mit dem zusätzlichen Einlass von Argon muss jedoch damit gerechnet werden, dass auch vom Target abgesputtertes Material in die Schicht eingebaut wird. Dies wurde in Versuchen mit einem Aluminiumtarget untersucht. Bei der Verwendung von 15 sccm Silan und 10 sccm Argon und einem unbedeckten Aluminium-Target lag der Anteil an Targetmaterial in der Schicht bei maximal 25,6 at.-%. Nach mehreren Beschichtungen mit zunehmender Targetbedeckung sank dieser Anteil und betrug typischerweise 1 bis maximal 2 at.-%. Die GDOES-Profile von Schichten mit hohem und mit niedrigem Anteil an Targetmaterial sind in den Abbildungen 6.2 und 6.3 dargestellt.

Zwischen den Messungen in den Abbildungen 6.2 und 6.3 wurden über 2 h kontinuierlich Beschichtungen durchgeführt (Gesamtschichtdicke 19,2 µm), in der auch das Target mit einer PECVD-Siliziumschicht beschichtet wurde. Diese Zeit kann als Einsputterzeit zur Konditionierung des Targets betrachtet werden.

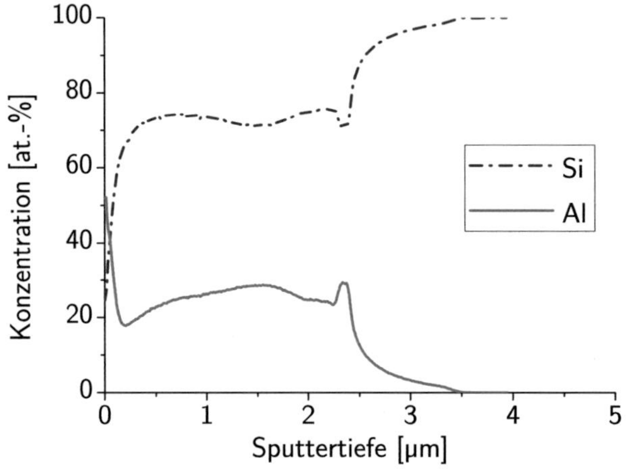

Abb. 6.2.: GDOES-Profil einer amorphen Siliziumschicht, abgeschieden mit einem **unbedeckten** Target (Zustand vor dem Konditionieren der Targets); Schichtdicke 2,76 µm; Substrat Siliziumwafer; Silan 15 sccm, Argon 10 sccm; Leistung 4 kW; Zur Vereinfachung der Darstellung sind nur die Bestandteile Silizium (vom Prekursor) und Aluminium (vom Target) dargestellt.

Da die Targets im Prozess als leitfähige Elektroden dienen, wird dotiertes Material verwendet. Der Anteil an Dotanden des Targets, die in die Schicht eingebaut werden, lässt sich einfach abschätzen. Aus der Dichte von Silizium ($2,4\,g/cm^3$), der molaren Masse ($28\,g/mol$) und der Avogadro-Konstante ($6,022 \times 10^{23}\,mol^{-1}$) ergibt sich eine Silizium-Atomdichte von $5,16 \times 10^{22}\,cm^{-3}$. Die übliche Dotandenkonzentration für p-dotierte Siliziumtargets beträgt $1,0 \times 10^{19}\,cm^{-3}$. Bestünde die Schicht aus 1 at.-% Targetmaterial, würde die Dotandenkonzentration in der Schicht $1,0 \times 10^{17}\,cm^{-3}$, also rund 2 ppm, betragen. Aufgrund dieser geringen Konzentration ist der Einbau von Dotanden vernachlässigbar gering, so dass von der Abscheidung intrinsischer Schichten ausgegangen werden kann.

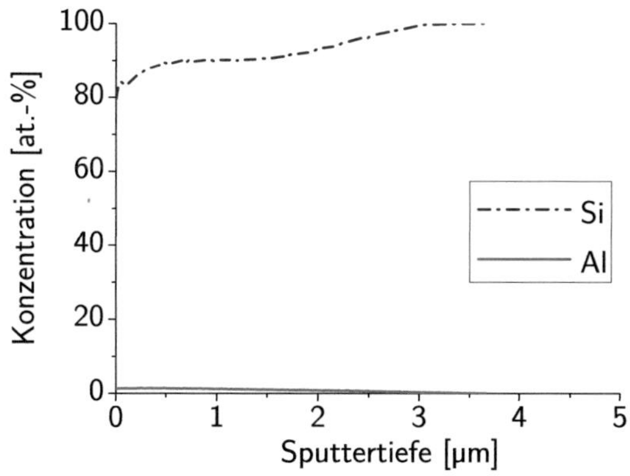

Abb. 6.3.: GDOES-Profil einer amorphen Siliziumschicht, abgeschieden mit einem Target, dass zum Teil mit einer PECVD-Silizium-Schicht **bedeckt** ist (Zustand nach dem Konditionieren der Targets); Silizium stammt vom Prekursor, Aluminium stammt vom Target; Schichtdicke 3,23 µm; Substrat: Siliziumwafer; Silan 15 sccm, Argon 10 sccm; Leistung 4 kW.

6.1.4. Beschichtungsrate

Die Bestimmung der Abhängigkeit der Beschichtungsrate von der eingespeisten Leistung wurde bei einer Gaszusammensetzung von 15 sccm Silan und 15 sccm Argon durchgeführt (Abbildung 6.4).

Mit zunehmender Leistung ist ein Anstieg der Beschichtungsrate festzustellen. Ab einer Leistung von 4 kW ergibt sich eine Sättigung der Rate. Dieses Verhalten entspricht dem anderer bekannter PECVD-Prozesse [100]. Im linearen Bereich des Anstieges der Beschichtungsrate ($P < 4$ kW) spricht man vom energiearmen Bereich. Die Rate wird hier im Wesentlichen durch die eingespeiste Leistung bestimmt. Im oberen, prekursorarmen Bereich ($P > 4$ kW) wird der Prekursor fast vollständig umgesetzt und die Beschichtungsrate ist von der Leistung nahezu unabhängig. Bei einsetzender Sättigung kann mit effektivem Material- und Energieeinsatz eine höchstmögliche Beschichtungsrate erreicht werden. Aus diesem Grund wurden alle weiteren Versuche mit einer Leistung von 4 kW durchgeführt.

Die maximal mögliche Rate soll im Folgenden abgeschätzt werden, wobei eine vollständige Silanumsetzung angenommen wird. Weiter wird von einer homogenen Schichtabscheidung auf einer Kugel, deren Durchmesser dem Target-Substrat-Abstand entspricht, ausgegangen. Die Annahme einer Kugel mit diesem Durchmesser erwies sich bei anderen PECVD-Prozessen mit dem Magnetron DRM 400 als günstig, z.B. für den Prekursor

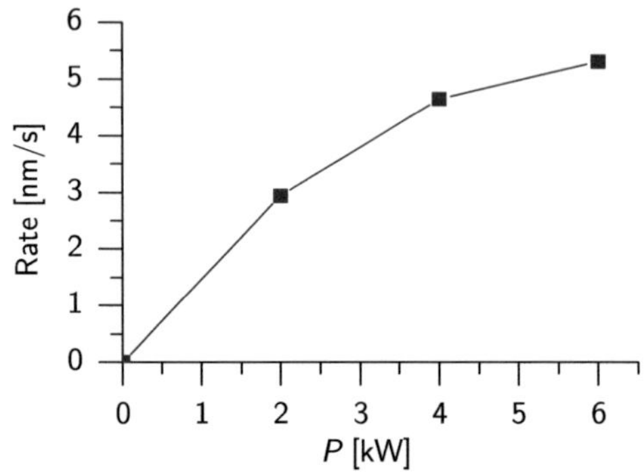

Abb. 6.4.: Beschichtungsrate in Abhängigkeit von der eingespeisten Leistung: Gesamtleistung von Außen- und Innentarget, Silan 15 sccm, Argon 15 sccm, Druck 0,5 Pa.

HMDSO. Für einen Silanfluss von $q_{SiH_4} = 15\,\text{sccm} = 0,015\,\text{l/min}$ und dem molaren Volumen $V_m = 22,4\,\text{l/mol}$ ergibt sich ein molarer Fluss $\dot{R}_{Si}$ von Silan bzw. Silizium von

$$\dot{R}_{Si} = \frac{q_{SiH_4}}{V_m} = 6,7 \cdot 10^{-4}\,\text{mol/min}. \tag{6.1}$$

Aus der molaren Masse für Silizium $M_{Si} = 28\,\text{g/mol}$ und der Siliziumdichte $\rho_{Si} = 2,4\,\text{g/cm}^3$ errechnet sich das molare Volumen für Silizium $V_{m(Si)}$ zu

$$V_{m(Si)} = \frac{M_{Si}}{\rho_{Si}} = 11,7\,\text{cm}^3/\text{mol}. \tag{6.2}$$

Der molare Fluss und das molare Volumen von Silizium ergeben dann den Siliziumvolumenstrom

$$\dot{Q}_{Si} = \dot{R}_{Si} \cdot V_{m(Si)} = 7,8 \cdot 10^{-3}\,\text{cm}^3/\text{min}. \tag{6.3}$$

Der Target-Substrat-Abstand ist 90 mm. Daraus ergibt sich eine Kugeloberfläche von 254,3 cm^2. Teilt man nun den Siliziumvolumenstrom $\dot{Q}_{Si}$ durch die Kugeloberfläche, erhält man eine Beschichtungsrate von $307,2\,\text{nm/min}$ bzw. $5,1\,\text{nm/s}$. Die experimentell ermittelte maximale Beschichtungsrate für die Umsetzung von 15 sccm Silan (Abbildung 6.4) ist mit 5,3 nm/s nahezu gleich. Die dennoch vorhandene Abweichung deutet zum einen darauf hin, dass die Annahmen für die Rateabschätzung ungenau sind. So kann es möglich sein, dass eine verstärkte Silanumsetzung vor allem in Substratnähe und nicht auf dem gesamten Target-Substrat-Abstand stattfindet. Andererseits ist es aber auch ein Anzeichen für einen sehr hohen Umsetzungsgrad des Silans im verwendeten Magnetron-PECVD-Prozess.

Tab. 6.1.: Abhängigkeit der Beschichtungsrate von der Gaszusammensetzung bei einer Leistung von 4 kW.

Bedingung	Silan [sccm]	Argon [sccm]	Wasserstoff [sccm]	Rate [nm/s]
1	15	10	-	4,6
2	15	-	-	2,5
3	15	10	100	3,3
4	15	-	100	2,8

In Tabelle 6.1 ist die Beschichtungsrate in Abhängigkeit von der Gaszusammensetzung dargestellt. Daraus lassen sich folgende Schlussfolgerungen ableiten:

- Im Betrieb ohne Wasserstoff verdoppelt Argon näherungsweise die Beschichtungsrate (Bedingung 1 und 2, Tabelle 6.1). Der Ratenzuwachs durch den Einlass von Argon ist durch den Sputtereffekt erklärbar. Zusätzlich zum PECVD-Anteil durch den Prekursor Silan ist ein PVD-Anteil vorhanden, der durch vom Target gesputtertes Material zustande kommt. In Abschnitt 6.1.3 wurde durch GDOES-Untersuchungen gezeigt, dass die PVD-Komponente nur einen Anteil von rund 2 at.-% an der Schicht hat. Auf den ersten Blick legt jedoch die näherungsweise Verdopplung der Beschichtungsrate nahe, dass der Anteil an Targetmaterial in der Schicht wesentlich höher sein müsste. Der Anteil von 2 at.-% bezieht sich jedoch auf den Anteil an Aluminium in der Schicht (Versuche zur Prozessinbetriebnahme mit einem Aluminiumtarget). Wie in Abschnitt 6.1.2 diskutiert wurde, findet durch den PECVD-Prozess auch eine Beschichtung des Targets mit Silizium statt. Da sich das Target mit einer Silizium-PECVD-Schicht bedeckt, wird zusätzlich zum Aluminium auch Silizium vom Target gesputtert und bildet einen Beitrag zum Schichtwachstum. Der Anteil von 2 at.-% Targetmaterial in der Schicht beziffert somit nur das Targetmaterial, das direkt im Sputtergraben abgetragen wird. Hier ist die Sputterrate höher als die Beschichtungsrate des PECVD-Prozesses. Im Bereich außerhalb des Sputtergrabens ist demzufolge die Beschichtungsrate des PECVD-Prozesses höher als der gleichzeitige Abtrag durch den Einlass von Argon.
- Die Zugabe von Wasserstoff reduziert die Rate, wenn gleichzeitig Argon eingelassen wird (Bedingung 1 und 3, Tabelle 6.1). Im Abschnitt 2.2.2 zur Schichtbildung aus einem Silan-Wasserstoff-Plasma im PECVD-Prozess wurde die Rolle des Wasserstoffs dargestellt. Unter anderem ist im Plasma entstandener atomarer Wasserstoff in der Lage, Silizium-Silizium-Bindungen aufzubrechen. Durch diesen Rückätzprozess, der gleichzeitig zum Abscheideprozess abläuft, ist die Ratenabnahme durch die Zugabe von Wasserstoff erklärbar.
- Aus den Zeilen zwei und vier in Tabelle 6.1 ist ersichtlich, dass es durch die Zugabe von Wasserstoff auch zu einer geringfügigen Zunahme der Beschichtungsrate

kommen kann, wenn ohne Argon nur mit Silan beschichtet wird. Dies steht im Widerspruch zu der im vorherigen Abschnitt getroffenen Aussage, dass das Rückätzen durch Wasserstoff eine Reduzierung der Beschichtungsrate verursacht. In der in Abschnitt 2.2.2 zitierten Literatur wurden keine Randbedingungen genannt, unter denen die Zugabe von Wasserstoff kein Rückätzen zur Folge hat. Es wird daher davon ausgegangen, dass auch bei der Zusammensetzung vier in Tabelle 6.1 ein Rückätzen durch Wasserstoff stattfindet. Folglich muss es eine andere Ursache für diese leichte Zunahme der Beschichtungsrate geben. Eine Möglichkeit ist die höhere Plasmadichte durch die Zugabe von Wasserstoff (siehe Abbildung 5.2) und die damit verbundene bessere Silanumsetzung.

Andere Untersuchungen zum Magnetron-PECVD-Prozess mit den Prekursoren HMDSO und HMDSN [101] ergaben, dass die Beschichtungsrate nicht nur eine Funktion von Leistung pro Prekursormenge (sogenannter Yasuda-Faktor) [100] ist, sondern auch von der Vorgeschichte des verwendeten Targets und damit von der Beschichtungszeit abhängt. *Vorgeschichte* meint die bereits mit dem Target durchgeführten Beschichtungen und somit das Material, dass sich schon auf der Targetoberfläche abgeschieden hat. Das führt dazu, dass bei längeren Beschichtungszeiten die Rate deutlich abnimmt. Dieser Umstand stellt einen Nachteil für lange Prozesszeiten dar. Um zu klären, ob dies bei der Verwendung des Prekursors Silan mit Argon auch auftritt, wurden hintereinander Beschichtungen mit verschiedenen Beschichtungszeiten durchgeführt. Wie man in Abbildung 6.5 sieht, gibt es nahezu keine Abhängigkeit der Beschichtungsrate von der Beschichtungszeit. Daher ist von einer guten Langzeitstabilität des Magnetron-PECVD-Prozesses hinsichtlich der Beschichtungsrate auszugehen. Das ist eine wesentliche Anforderung an den Magnetron-PECVD-Prozess im Hinblick auf die industrielle Nutzung.

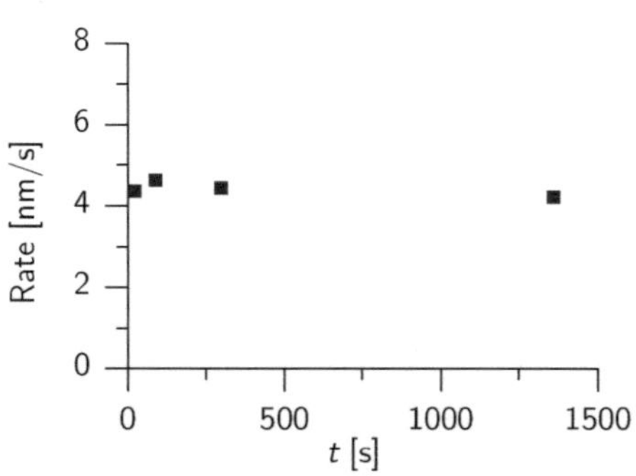

Abb. 6.5.: Beschichtungsrate in Abhängigkeit von der Beschichtungszeit (Leistung 4 kW; Silan 15 sccm, Argon 10 sccm; abgeschiedene Schichtdicken: 0,1 µm; 0,4 µm; 1,3 µm; 5,7 µm).

6.1.5. Bestimmung weiterer Schichteigenschaften

a) Wasserstoffgehalt und Verunreinigungen

Tabelle 6.2 enthält die Ergebnisse aus den GDOES-Messungen bei den angegebenen Prozessbedingungen.

Die folgenden Punkte fassen die wesentlichen Ergebnisse aus den GDOES-Untersuchungen zusammen:

- Wasserstoff:
  Arbeitet man mit Argon, zeigt sich, dass zusätzlicher Wasserstoffeinlass den Wasserstoffgehalt der Schicht erhöht (Tabelle 6.2, Bedingungen 1 und 3). Die Zugabe von Argon zum Prozessgas hat eine Reduktion des Wasserstoffgehaltes zur Folge (Bedingung 1+2 sowie 3+4). Die Ursache für die starke Erhöhung des Wasserstoffgehaltes nach dem Ausheizen der Beschichtungskammer ist unklar (5). Die Probe, die mit Silan, Argon und Wasserstoff hergestellt wurde (3), weist im Vergleich mit den anderen Proben einen homogenen Wasserstoffgehalt über der Schichtdicke auf (Abbildung 6.6). Durch Heizen der Probe während der Beschichtung (6) entweicht der Wasserstoff fast vollständig aus der Schicht.

- Kohlenstoff:
  Durch Heizen der Probe während der Beschichtung (5) und durch Ausheizen der Beschichtungskammer vor der Beschichtung (6) kann der Kohlenstoffgehalt stark reduziert werden. Auch der Einlass von Argon zum Prozessgas (1+2 sowie 3+4) reduziert den Kohlenstoffanteil in der Schicht.

- Sauerstoff:
  Durch die Zugabe von Argon und Wasserstoff wird der Sauerstoffgehalt erheblich abgesenkt (vergleiche 3 mit 1, 2 und 4). Dagegen zeigten das Heizen während der Beschichtung (5) und das Ausheizen der Kammer (6) keine nennenswerten Effekte.

- Stickstoff:
  Stickstoffverunreinigungen sind mit dem verwendeten GDOES-Verfahren nicht feststellbar.

Mit Hilfe der Infrarotspektroskopie wurde neben dem Mikrostrukturparameter auch der Wasserstoffgehalt bestimmt, um einen Vergleich zu den GDOES-Messungen zu erhalten. Obwohl durch den Einbau von Aluminium in die Schichten keine besonders guten Werte für die Photoantwort $\sigma_{hell}/\sigma_{dunkel}$ zu erwarten sind, wurden die Werte für Dunkel- und Hellleitfähigkeit bestimmt, um einen Eindruck dafür zu bekommen, wie sich die verschiedenen Gase auswirken. Tabelle 6.3 enthält die Ergebnisse für Mikrostrukturparameter, Wasserstoffgehalt und Leitfähigkeit.

Tab. 6.2.: Elementzusammensetzung amorpher Siliziumschichten bei Verwendung eines Aluminiumtargets für verschiedene Gasgemische (bestimmt durch GDOES auf einer Substratposition gegenüber der Mitte des Magnetrons); Argon 10 sccm, Silan 15 sccm, Wasserstoff 100 sccm; 4 kW; Druck ohne Wasserstoff 0,5 Pa; Druck mit Wasserstoff 1,4 Pa. Die Spalte *H-Verlauf* beschreibt den qualitativen Verlauf der Wasserstoffkonzentration in Abhängigkeit von der Schichtdicke. *Plateau* steht für eine annähernd konstante Wasserstoffkonzentration über der Schichtdicke, *Gradient* für eine sich ändernde Konzentration mit zunehmender Schichtdicke. Durch Heizen während der Beschichtung wurde eine Temperatur von 400 °C erreicht.

Bedingung	Gase	O [at.-%]	C [at.-%]	H [at.-%]	H-Verlauf
1	SiH_4+Ar	0,12	0,20	1,13	Gradient
2	SiH_4	0,50	0,31	20,9	Gradient
3	SiH_4+Ar+H_2	0,01	0,02	7,38	Plateau
4	SiH_4+H_2	0,17	0,36	9,46	Gradient
5	SiH_4+Ar (Heizen während der Beschichtung)	0,79	0,02	0,19	Gradient
6	SiH_4+Ar (nach Ausheizen der Kammer)	0,35	0,01	10,42	Gradient

Schichten guter Qualität weisen eine homogene Zusammensetzung über der Schichtdicke auf. Nur bei den Proben, die mit der Kombination aus Silan, Argon und Wasserstoff abgeschieden wurden, zeigt sich eine lateral konstante Wasserstoffkonzentration (Abbildung 6.6). Der Einlass von Silan und Wasserstoff führt dagegen zu einem starken Gradienten im Wasserstoffverlauf über die Schichtdicke (Abbildung 6.7). Durch den Einlass von Argon kommt es durch den Sputtereffekt zu einer Rateerhöhung, da Material vom Target abgetragen wird und mit zum Schichtwachstum beiträgt (siehe Tabelle 6.1). Das führt zu einer kürzeren Beschichtungszeit und somit zu einem geringeren Temperaturanstieg während der Beschichtung.

Aus Tabelle 6.2 und aus den GDOES-Ergebnissen von Tabelle 6.1 wird ersichtlich, dass durch den Einlass von Argon der Wasserstoffgehalt in der Schicht reduziert wird und diese Schichten das geringste Verunreinigungsniveau aufweisen. Wie gezeigt wurde, kommt es durch den Einlass von Argon zu einer signifikanten Erhöhung der Beschichtungsrate. Mit steigender Beschichtungsrate wird der Einbau von Fremdatomen erschwert.

Tab. 6.3.: Eigenschaften amorpher Siliziumschichten in Abhängigkeit von der Gaszusammensetzung bei Verwendung eines Aluminiumtargets. Ausgewählt wurden die Bedingungen 3 (geringstes Verunreinigungsniveau, konstanter Wasserstoffanteil über der Schichtdicke), 4 und 6 aus Tabelle 6.2 mit einem Wasserstoffgehalt von rund 10 at.-% (siehe auch Abschnitt 2.2.1 über Eigenschaften von amorphem Silizium).

Gaszusammen-setzung	H [at.-%] (GDOES)	H [at.-%] (FTIR)	R^*	σ_{dunkel} $[(\Omega cm)^{-1}]$	σ_{hell} $[(\Omega cm)^{-1}]$	$\sigma_{hell}/\sigma_{dunkel}$
SiH_4+Ar+H_2(3)	7,38	7,6	0,38	$7,1 \times 10^{-10}$	$1,8 \times 10^{-8}$	18
SiH_4+H_2(4)	9,46	7,5	0,60	$< 1 \times 10^{-11}$	$3,8 \times 10^{-9}$	265
SiH_4+Ar nach Heizen (6)	10,4	10,2	0,62	$1,7 \times 10^{-9}$	$1,3 \times 10^{-8}$	8

b) Mikrostrukturparameter

Die Schicht, die mit Silan, Argon und Wasserstoff hergestellt wurde, weist den geringsten Mikrostrukturparameter auf (Tabelle 6.3, Spalte 4). Es zeigt sich außerdem, dass die Schichten mit dem kleinsten Mikrostrukturparameter auch annähernd über ein Plateau im Wasserstoffverlauf verfügen und das geringste Verunreinigungsniveau aufweisen.

c) Elektrische Leitfähigkeit

Die besten Werte für die elektrische Leitfähigkeit weist die mit Silan und Wasserstoff hergestellte Schicht auf. Bei den anderen Proben wurde durch die Benutzung von Argon Aluminium vom Target in die Schicht eingebaut. Durch diesen Einbau von Aluminium kommt es bei den restlichen Schichten zu einem Anstieg der Dunkelleitfähigkeit und daher zu einer Verschlechterung der Photoempfindlichkeit $\sigma_{hell}/\sigma_{dunkel}$.

6.1.6. Zusammenfassung

Bei Verwendung eines unbedeckten Targets ist auf die entsprechende Einsputterzeit zum Konditionieren des Targets zu achten, um den Gehalt an Targetmaterial in der Schicht zu senken.

Zunächst erscheinen die Sauerstoff- und Kohlenstoff-Verunreinigungen zu hoch. Zur Klärung des Ursprungs von Sauerstoff- und Kohlenstoff-Verunreinigungen wurden weiterführende Versuche durchgeführt (Abschnitt 6.2). Verunreinigungen lassen sich durch Erhöhung der Beschichtungsrate (durch Erhöhung der Gasflüsse und der Leistung) und durch bessere Vakuumbedingungen reduzieren.

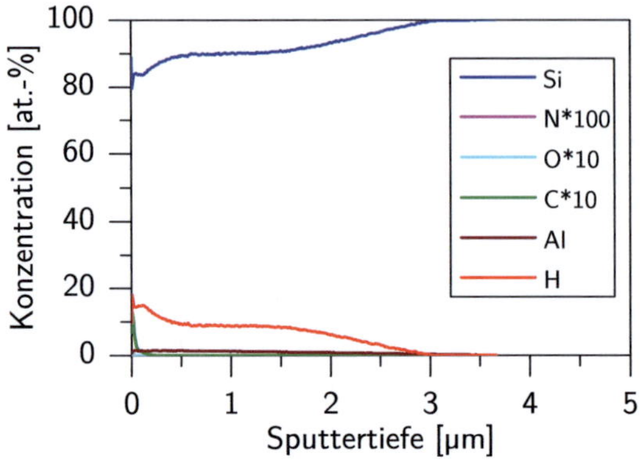

Abb. 6.6.: Konzentration von Silizium, Wasserstoff und weiterer Elemente über der Schichtdicke in amorphem Silizium bei kombiniertem Gaseinlass von SiH_4+H_2+Ar (15 sccm Silan, 10 sccm Argon, 100 sccm Wasserstoff, Leistung 4 kW).

Bei der Schichtabscheidung ohne Heizen lässt sich der gewünschte Wasserstoffgehalt von 9 ... 10 at.-% einstellen (Tabellen 2.1, 6.2, 6.3). Durch starkes Heizen (400 °C) entweicht der Wasserstoff fast vollständig aus der Schicht. Nur einige Proben weisen eine näherungsweise konstante Wasserstoffkonzentration in Abhängigkeit von der Schichtdicke auf. Bei den übrigen Proben ändert sich die Wasserstoffkonzentration über die Schichtdicke. Nur die Schichten, die mit dem kombinierten Gaseinlass von Silan, Wasserstoff und Argon hergestellt wurden, verfügen über eine gleichmäßige Verteilung des Wasserstoffes.

Durch Argon wird Material vom Target gesputtert, welches die Beschichtungsrate erhöht. Daraus ergibt sich eine kürzere Beschichtungszeit, was eine zu starke Erwärmung der Probe verhindert. Auch bezüglich des Mikrostrukturparameters stellt die Verwendung von allen drei Gasen die beste Variante dar.

Anschließend an diese ersten Ergebnisse wurden alle weiteren Experimente mit einem Silizium-Target durchgeführt.

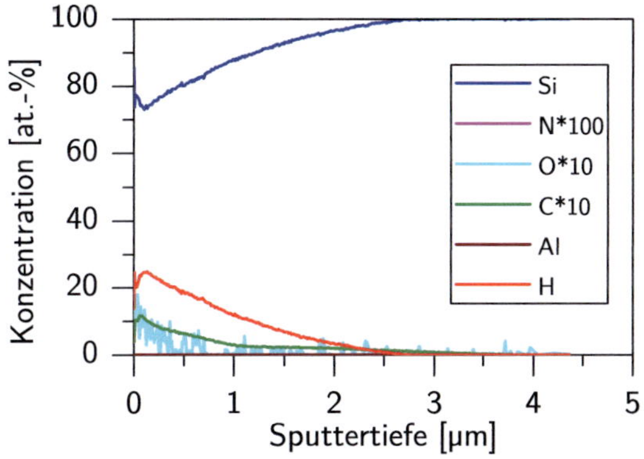

Abb. 6.7.: Konzentration von Silizium, Wasserstoff und weiterer Elemente über der Schichtdicke in amorphem Silizium bei kombiniertem Gaseinlass von SiH_4+H_2 (15 sccm Silan, 100 sccm Wasserstoff, Leistung 4 kW).

6.2. Einbau von Kohlenstoff und Sauerstoff

Die wichtigsten Verunreinigungen in einem Vakuumsystem sind üblicherweise Sauerstoff, Stickstoff und Kohlenstoff. Im Abschnitt 6.1 wurde gezeigt, dass Kohlenstoff und Sauerstoff die bestimmenden Verunreinigungen sind. Im Folgenden soll untersucht werden, welchen Ursprung die Verunreinigungen haben und welchen Einfluss sie auf die Schichteigenschaften ausüben. Dazu wurden Experimente mit verschiedenen Target-Substrat-Abständen durchgeführt.

6.2.1. Quellen von Schichtverunreinigungen

Die verwendete Beschichtungskammer verfügt über einen höhenverstellbaren Substrathalter. Damit war es möglich, Beschichtungen bei verschiedenen Target-Substrat-Abständen durchzuführen. Durch die Größe des Abstands zwischen Substrathalter und Außenschirm des Doppel-Ring-Magnetrons (Pumpspalt, Abbildung 4.2) kann das in der Plasmazone wirksame Saugvermögen des Vakuumsystems variiert werden. Verwendet wurden die Gase Silan, Wasserstoff und Argon. Die Beschichtungen erfolgten wiederum bei einer Leistung von 4 kW. Die Ergebnisse der GDOES-Messungen der Versuche mit veränderlichem Pumpspalt sind in Abbildung 6.8 dargestellt. Aufgetragen sind die mit GDOES bestimmten Sauerstoff- und Kohlenstoffgehalte als Funktion des Pumpspaltes bei zwei verschiedenen Heizleistungen. Der Standardpumpspalt, der auch bei den bisherigen Versuchen verwendet wurde, beträgt 2 mm. Dies entspricht einem Target-Substrat-Abstand von 90 mm, dem Standardabstand des verwendeten Magnetrons.

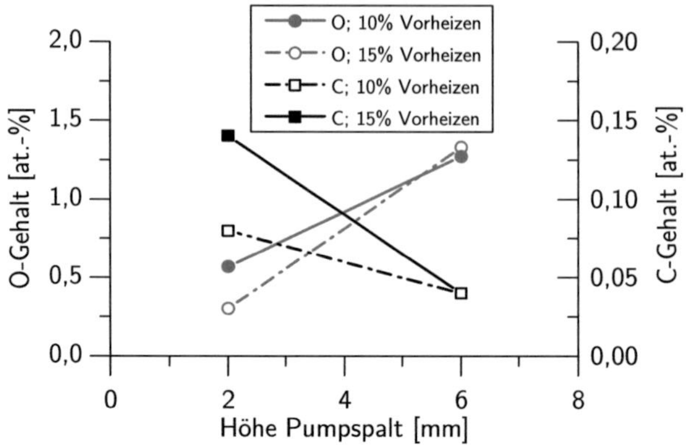

Abb. 6.8.: Verunreinigungen in amorphen Siliziumschichten durch Sauerstoff und Kohlenstoff in Abhängigkeit von der Größe des Pumpspaltes bei zwei verschiedenen Heizleistungen (Gaseinlass SiH_4+H_2+Ar, Leistung 4 kW). Der Standardpumpspalt beträgt 2 mm. Die Heizleistung ist als Anteil von der Maximalleistung angegeben.

Dabei zeigte sich, dass es durch eine Vergrößerung des Pumpspaltes zu einer Zunahme der Sauerstoffverunreinigungen und einer Verringerung des Kohlenstoffanteils in der Schicht kommt. Da sich der Sauerstoffanteil in der Schicht mit kleinerem Pumpspalt verringert, stammt er überwiegend aus der Vakuumkammer. Dies kann durch adsorbiertes Wasser an den Kammerwänden verursacht sein. Letzteres desorbiert während des Prozesses wieder von der Wand und wird im Plasma aufgespalten, wobei der dabei frei werdende Sauerstoff in die Schicht eingebaut wird.

Demgegenüber deutet die Zunahme der Kohlenstoffverunreinigungen in der Schicht mit kleinerem Pumpspalt darauf hin, dass die Quelle für den Kohlenstoff im Magnetron selber liegt. Da ausschließlich hochreine Prozessgase verwendet werden, ist die wahrscheinliche Ursache daher in einer Belegung der Plasmaschirme mit molekularen Rückständen nach der Reinigung zu sehen. Nach einer gewissen Gesamtbeschichtungszeit ist die abgeschiedene Schichtdicke auf den dem Plasma ausgesetzten Einbauteilen so groß, dass die abgeschiedenen Schichten aufgrund von Schichtspannungen beginnen abzuplatzen. Teile der abplatzenden Schichten können während der Schichtabscheidung auf das Substrat fallen und zu Defekten führen. Daher sind diese Teile in gewissen Abständen zu reinigen. Die Reinigung dieser Teile erfolgt durch Sandstrahlen. Es ist wahrscheinlich, dass die Kohlenstoffverunreinigungen ihre Ursache in nicht komplett ölfreier Strahlluft haben.

Ein signifikanter Einfluss durch das Vorheizen der Substrate tritt nur bei kleinem Pumpspalt, also bei geringem wirksamen Saugvermögen in der Beschichtungszone, auf. In diesem Fall kommt es durch stärkeres Vorheizen zu einem Anstieg an Kohlenstoff- und Sauerstoffverunreinigungen in der Schicht. Es wird vermutet, dass dieses Ergebnis durch das Zusammenspiel von höherer Temperatur und geringerem Saugvermögen zustande kommt. Durch den Einsatz des Heizers werden neben den Substraten auch andere Einbauteile aufgeheizt. Dies gilt in besonderem Maße auch für den Wärmeeintrag durch das Plasma (siehe Abschnitt 6.3). Durch Erwärmung der Einbauteile kommt es zur Desorption von adsorbiertem Wasser (Quelle von Sauerstoffverunreinigungen) und von molekularen Rückständen, verursacht durch die Reinigung der Plasmaschirme (Quelle von Kohlenstoffverunreinigungen). Durch das reduzierte Saugvermögen bei einem kleinerem Pumpspalt von 2 mm werden diese desorbierten Rückständen weniger gut aus der Beschichtungszone abgepumpt und daher verstärkt in die Schicht eingebaut.

6.2.2. Einfluss von Verunreinigungen auf die Schichteigenschaften

Im Weiteren soll betrachtet werden, wie die Hauptverunreinigungen Sauerstoff und Kohlenstoff die Schichteigenschaften der abgeschiedenen amorphen Siliziumschichten beeinflussen. Fremdatome, die in die Schicht eingebaut werden, können als Rekombinationszentren, sogenannte Traps, wirken und Ladungsträger einfangen. Ebenso ist es möglich, dass die eingebauten Fremdatome Ladungsträger abgeben und dadurch die intrinsische Leitfähigkeit beeinflussen. In den Abbildungen 6.9 und 6.10 sind die Dunkel- und Hellleitfähigkeiten als Funktion des Kohlenstoffgehaltes und des Sauerstoffgehaltes dargestellt.

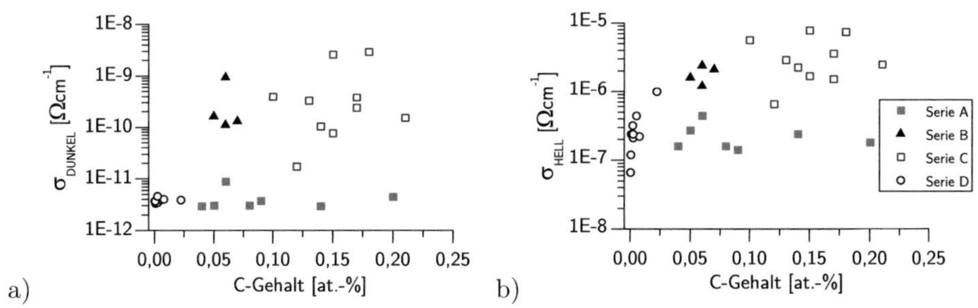

Abb. 6.9.: Einfluss von Kohlenstoffverunreinigungen auf die a) Dunkelleitfähigkeit und b) Hellleitfähigkeit von amorphen Siliziumschichten. In den Beschichtungsserien A, B, C und D wurden die Parameter Substrattemperatur, Wasserstofffluss bzw. Silangehalt, Argonfluss, Leistung und die Höhe des Pumpspaltes untersucht.

Es zeigt sich, dass es keine eindeutige Korrelation zwischen den Verunreinigungen Kohlenstoff und Sauerstoff sowie der Leitfähigkeit gibt.

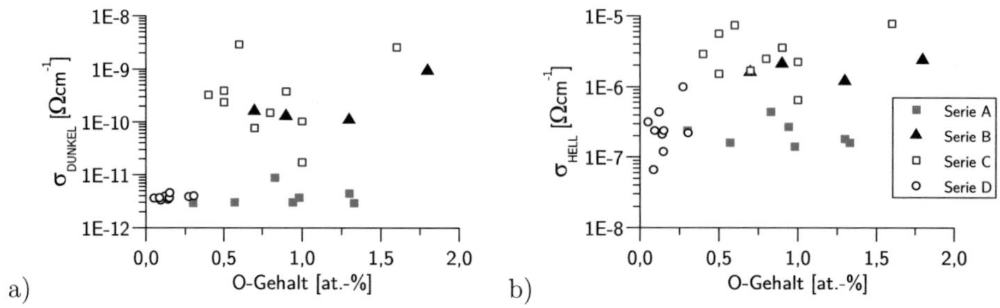

Abb. 6.10.: Einfluss von Sauerstoffverunreinigungen auf die a) Dunkelleitfähigkeit und b) Hellleitfähigkeit von amorphen Siliziumschichten. In den Beschichtungsserien A, B, C und D wurden die Parameter Substrattemperatur, Wasserstofffluss bzw. Silangehalt, Argonfluss, Leistung und die Höhe des Pumpspaltes untersucht.

In [102] und [103] wurde mit Elektronen-Spin-Resonanz- und Leitfähigkeitsmessungen die Wirkung von lichtinduzierten Defekten (Staebler-Wronski-Effekt) und deren Einfluss auf die Hellleitfähigkeit untersucht. Es wurde gezeigt, dass Verunreinigungen keinen Einfluss auf die Dichte von Defekten haben, wenn ihre Konzentration unter einem bestimmten kritischen Niveau liegt. Das ermittelte kritische Niveau betrug bei Sauerstoff $1,0 \times 10^{20}\,\text{cm}^{-3}$ und bei Stickstoff $1,0 \times 10^{19}\,\text{cm}^{-3}$. Für Kohlenstoff wurden keine Angaben gemacht.

Mit dem in der vorliegenden Arbeit gemessenen Sauerstoffgehalt von 0,01 at.-% (Tabelle 6.2) und einer Siliziumdichte von $2,4\,\text{g/cm}^3$ erhält man eine Sauerstoffkonzentration von $5,14 \times 10^{18}\,\text{cm}^{-3}$. Dieser Wert liegt somit unterhalb des kritischen Niveaus. Ein Kohlenstoffgehalt von 0,02 at.-% entspricht einer Konzentration von $1,03 \times 10^{19}\,\text{cm}^{-3}$. Da in Abbildung 6.9a kein Einfluss des Kohlenstoffgehaltes zu erkennen ist, ist es wahrscheinlich, dass das kritische Niveau für Kohlenstoff ebenfalls im Bereich von $10^{19}\,\text{cm}^{-3}$ bis $10^{20}\,\text{cm}^{-3}$ liegt und hier ebenfalls unterschritten wird.

6.3. Einfluss der Substrattemperatur

Die Substrattemperatur während der Beschichtung hat einen großen Einfluss auf die Qualität amorpher Siliziumschichten. So zeigten Madan et al. [104], dass die Substrattemperatur einen entscheidenden Einfluss auf die Zustandsdichte in der Beweglichkeitslücke hat. Durch eine Erhöhung der Substrattemperatur von 310 K auf 570 K nimmt die

Zustandsdichte von $10^{19}\,\mathrm{cm^{-3}\,eV^{-1}}$ auf $10^{16}\,\mathrm{cm^{-3}\,eV^{-1}}$ um mehrere Größenordnungen ab. Diese wird von einer starken Zunahme der Lebensdauer der Majoritätsladungsträger begleitet [105]. Der Grund für diesen Einfluss ist eine Änderung in der Struktur der Schicht. Aus FTIR-Untersuchungen wird ersichtlich, dass sich die Bindungskonfiguration von einem hauptsächlich dihydriden Charakter zu einem monohydriden ändert.

Zunächst soll die Änderung der Temperatur des Substrates während der Beschichtung untersucht werden. Diese wurde mit einem Pt 100-Thermoelement im Inneren eines Wafers gemessen (Abschnitt 4.2.2).

Vor dem Beginn der Beschichtung (Zünden des Plasmas) erfolgte ein Vorheizen des Wafers durch einen Halogenlampenheizer, der sich unterhalb des Substrattellers befindet. Die Beschichtungsdauer betrug 5 min und erfolgte mit einem Gemisch aus Silan, Wasserstoff und Argon bei einer Beschichtungsleistung von 4 kW. Abbildung 6.11 enthält die aufgezeichneten Temperaturverläufe.

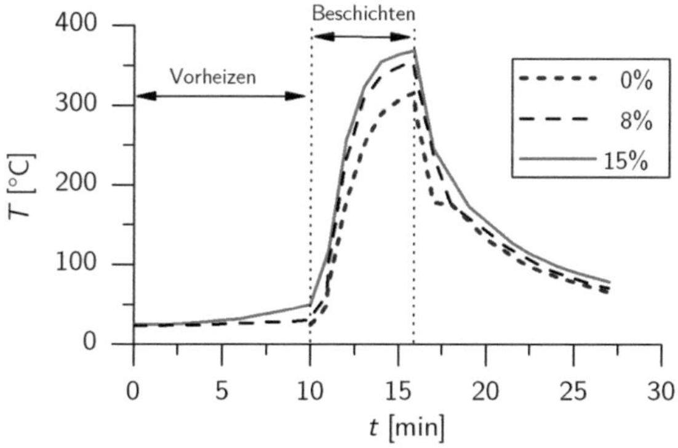

Abb. 6.11.: Verlauf der Substrattemperatur während der Beschichtung. Parameter: Heizleistung / Maximalleistung (6400 W). Vorheizzeit: 10 min. Beschichtungszeit 6 min. Messung im Inneren eines Kupferwafers mit einem Pt 100-Temperaturfühler. Gasgemisch: 15 sccm Silan, 10 sccm Argon, 100 sccm Wasserstoff, Leistung 4 kW.

Es zeigt sich, dass die Substraterwärmung zum überwiegenden Teil durch den Energieeintrag aus dem Plasma erfolgt. Durch das Vorheizen der Substrate verändert sich die Starttemperatur bei Beginn der eigentlichen Beschichtung nur geringfügig. Weiter ist ersichtlich, dass es während der Beschichtung einen starken Temperaturanstieg gibt. So steigt zum Beispiel die Temperatur bei 8 % Heizleistung während der Beschichtung von 24 °C auf 354 °C an.

Nach typischen 5 min Beschichtungszeit, die für eine 600 nm dicke Schicht erforderlich ist, befindet sich der Wafer noch nicht im thermischen Gleichgewicht.

Wie in Abschnitt 4.3.1 erläutert wurde, erfolgte die Messung der elektrischen Leitfähigkeit der Schichten auf einem Substrat aus Aluminiumsilicatglas. Um einen besseren Überblick über das thermische Einlaufverhalten der Substrate zu erhalten, erfolgte zum Vergleich mit den Messungen auf dem Kupferwafer auch eine Aufnahme des Temperaturverlaufes auf Aluminiumsilicatglas mit den in Abschnitt 4.2.2 beschriebenen Temperaturmessstreifen. Am Ende der Vorheizzeit und jeweils nach einer bestimmten Beschichtungszeit wurde auf dem Temperaturmessstreifen die erreichte Maximaltemperatur abgelesen. Die Ergebnisse dieser Versuche sind in Abbildung 6.12 dargestellt.

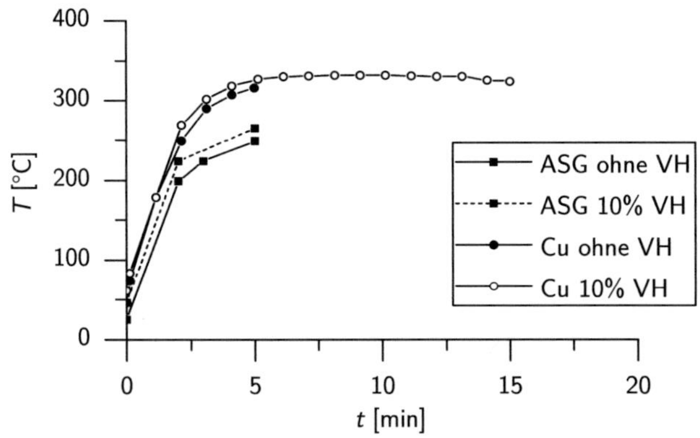

Abb. 6.12.: Temperaturverlauf auf einem Kupferwafer und auf Aluminiumsilicatglas (ASG). Vorheizzeit: 10 min (VH). Dargestellt ist nur die Beschichtungszeit ohne Vorheizzeit. Messung im Inneren eines Kupferwafers mit einem Pt 100-Temperaturfühler. Messung auf ASG mit Temperaturmessstreifen auf der Substratrückseite. Gasgemisch: 15 sccm Silan, 10 sccm Argon, 100 sccm Wasserstoff, Leistung 4 kW.

Es ist zu erkennen, dass sich der Kupferwafer bei 10 % Vorheizleistung nach etwas mehr als 6 min nahezu im thermischen Gleichgewicht befindet. Sowohl Kupferwafer als auch Aluminiumsilicatglas zeigen ein ähnliches thermisches Einlaufverhalten. Bis zu einer Beschichtungszeit von 2 min gibt es einen relativ starken Anstieg der Substrattemperatur. Danach verläuft der Temperaturanstieg langsamer. Aufgrund des qualitativ ähnlichen Temperaturverlaufs von Kupferwafer und Glas wird angenommen, dass sich das verwendete Glas nach der nötigen Beschichtungszeit noch nicht im thermischen Gleichgewicht befindet. Somit ist bei allen nachfolgenden Temperaturmessungen mit Temperaturmessstreifen zu bedenken, dass es sich um die Angabe der erreichten

Maximaltemperatur handelt und das thermische Gleichgewicht noch nicht erreicht wurde.

Im Weiteren soll der Einfluss der Substrattemperatur auf die Schichteigenschaften genauer betrachtet werden. Zunächst soll das Verhältnis $\sigma_{\text{hell}}/\sigma_{\text{dunkel}}$ aus Hell- und Dunkelleitfähigkeit von auf Aluminiumsilikatglas abgeschiedenen Schichten betrachtet werden (Abbildung 6.13).

Mit steigender Substrattemperatur erfolgt eine Zunahme der Photoempfindlichkeit bis zu einem Maximalwert von $2,6 \times 10^5$. Bei weiterer Erhöhung der Substrattemperatur erfolgt eine schnelle Abnahme der Photoempfindlichkeit. Das Temperaturoptimum für den Maximalwert von $\sigma_{\text{hell}}/\sigma_{\text{dunkel}}$ liegt bei ca. 225 °C. Mit Zunahme der Substrattemperatur kommt es zu einer Abnahme der Zustände in der Mitte der Bandlücke, die als Traps wirksam werden und Ladungsträger einfangen. Das führt zu einer Zunahme der Ladungsträgerlebensdauer. Die Verlängerung der Ladungsträgerlebensdauer ist an der Zunahme der Hellleitfähigkeit (Abbildung 6.14) zu erkennen. Durch eine Erhöhung der Substrattemperatur kann σ_{hell} um drei Größenordnungen von $2,4 \times 10^{-9}\,(\Omega\text{cm})^{-1}$ auf $2,7 \times 10^{-6}\,(\Omega\text{cm})^{-1}$ gesteigert werden. Die eigentliche Ursache für den Temperatureinfluss ist in der Zunahme der Oberflächendiffusionslänge der schichtbildenden Radikale zu sehen. Mit größerer Diffusionslänge erhöht sich die Wahrscheinlichkeit, dass das kondensierende Teilchen einen energetisch günstigen Platz erreicht und es zur Bildung einer stabilen Bindung und dadurch zu einer geringeren Trapdichte kommt. Die Abnahme der Photoempfindlichkeit ab einer Temperatur von mehr als 225 °C ist durch die thermisch verursachte Desorption von Wasserstoff (siehe Tabelle 6.2, Bedingung 5) und die dadurch entstehenden elektrisch wirksamen Defekte zu verstehen.

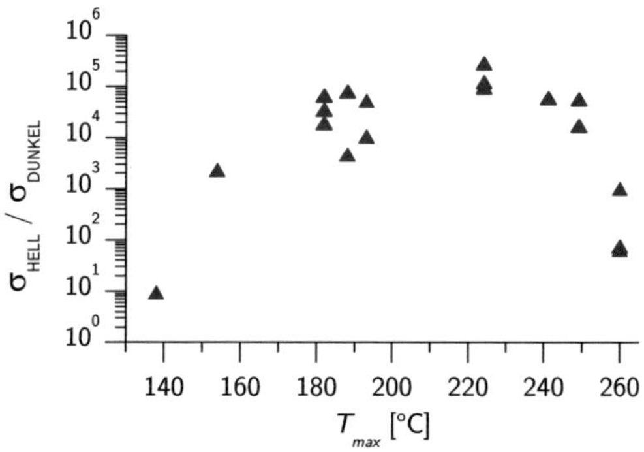

Abb. 6.13.: Photoempfindlichkeit $\sigma_{hell}/\sigma_{dunkel}$ in Abhängigkeit von der maximalen Substrattemperatur T_{max}. Variiert wurden Heizleistung, Wasserstofffluss bzw. Silangehalt, Argonfluss und eingespeiste Leistung.

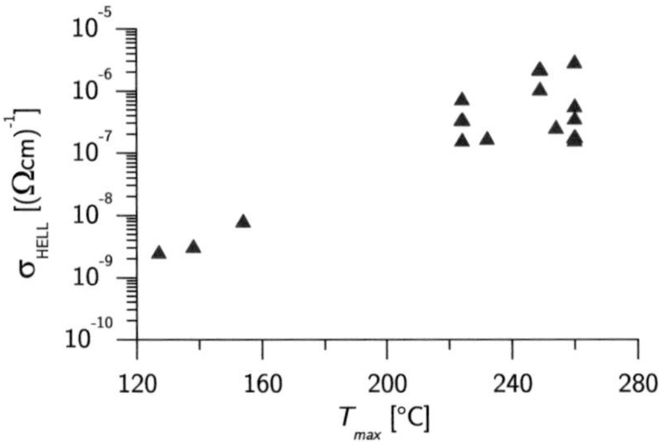

Abb. 6.14.: Hellleitfähigkeit σ_{hell} in Abhängigkeit von der maximalen Substrattemperatur T_{max}. Variiert wurden Heizleistung, Wasserstofffluss bzw. Silangehalt, Argonfluss und eingespeiste Leistung.

6.4. Einfluss des Wasserstoffflusses

In Abschnitt 2.2.2 wurde erläutert, welche Bedeutung Wasserstoff bei den Prozessen im Plasma und bei der Schichtbildung hat. So vergrößert sich z.B. durch die Sättigung der Schichtoberfläche mit Wasserstoff die Oberflächendiffusionslänge der schichtbildenden Radikale. Hier soll deshalb untersucht werden, welchen Einfluss der Einlass von Wasserstoff im Prozess auf die Schichten des Magnetron-PECVD-Prozesses hat.

Der Wasserstofffluss wurde in einem Bereich von 0 bis 250 sccm variiert. Die Versuche erfolgten alle bei einer Leistung von 4 kW sowie mit 15 sccm Silan und 10 sccm Argon.

In Abbildung 6.15 ist dargestellt, wie sich der Wasserstofffluss im Prozess auf den Wasserstoffgehalt der Schichten auswirkt. Dabei wurden mehrere Proben mit verschiedenen Wasserstoffflüssen abgeschieden und untersucht. Über den gesamten Bereich von 0 sccm bis 200 sccm Wasserstoff ist der Wasserstoffgehalt der amorphen Siliziumschichten mit Werten zwischen 20 at.-% und 26 at.-% sehr hoch. Selbst ohne zusätzlichen Wasserstoffeinlass, also bei der Beschichtung nur mit Silan und Argon, beträgt der Wasserstoffgehalt mehr als 20 at.-%. Mit abnehmendem Wasserstofffluss von 200 sccm auf 80 sccm sinkt der Wasserstoffgehalt von rund 25 auf 20 at.-%. Bei weiterer Verringerung der Wasserstoffzugabe bis hinunter zu 20 sccm steigt der Wasserstoffgehalt der Schichten wieder bis auf Werte von 26 at.-% an.

Bei weiterer Betrachtung der soeben diskutierten Ergebnisse ergibt sich ein Widerspruch zu den Resultaten aus Abschnitt 6.1.5. Aus Tabelle 6.2 geht hervor, dass bei der Beschichtung ohne Wasserstoff nur mit Silan und Argon (Tabelle 6.2, Bedingung 1) der Wasserstoffanteil in der Schicht wesentlich geringer ist als bei der Beschichtung mit

Wasserstoff (Tabelle 6.2, Bedingung 3). Ohne Wasserstoff ließ sich also in den Versuchen zur Prozessinbetriebnahme der Wasserstoffgehalt reduzieren. Im Diagramm 6.15 ist dies nicht der Fall (Messpunkt für 0 sccm Wasserstoff). Auch sind die Absolutwerte des Wasserstoffgehaltes für den kombinierten Gaseinlass von Silan, Argon und Wasserstoff um etwa den Faktor 3 geringer. Im folgenden Absatz wird eine mögliche Ursache für diese Unterschiede diskutiert.

Den augenscheinlichsten Unterschied in den Prozessbedingungen stellen die verschiedenen Targetmaterialien dar. Die Ergebnisse in Abschnitt 6.1 (so auch Tabelle 6.2) wurden mit einem Target aus Aluminium erzielt. Die weiterführende Untersuchung (so auch Abbildung 6.15) erfolgte mit einem Target aus Silizium. Die mit einem Aluminium-Target hergestellten Schichten weisen einen geringeren Wasserstoffgehalt auf, als die mit einem Silizium-Target hergestellten Schicht. Dies lässt sich dadurch erklären, dass Aluminium als Gettermaterial wirkt. Durch den Einlass von Argon in die Entladung und den dadurch stattfindenden Sputtereffekt wird Aluminium vom Target abgetragen. Das gesputterte Material wird zum Teil mit in die Schicht eingebaut (Abschnitt 6.1.3). Zeitgleich werden die Innenwände der Vakuumkammer mit Aluminium beschichtet. Dieses abgeschiedene Aluminium gettert einen Teil des Wasserstoffes aus der Entladung. Der gebundene Wasserstoff steht somit nicht mehr für Reaktionen der Schichtbildung zur Verfügung und als Folge dessen weisen die abgeschiedenen Schichten einen geringeren Wasserstoffgehalt auf.

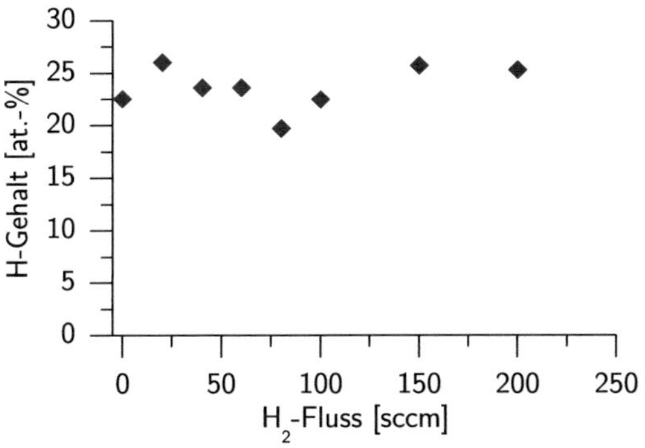

Abb. 6.15.: Abhängigkeit des Wasserstoffgehaltes amorpher Siliziumschichten vom Wasserstofffluss (Silan 15 sccm, Argon 10 sccm, Leistung 4 kW).

Das Verhalten des Magnetron PECVD-Prozesses unterscheidet sich deutlich von dem von HF- und VHF-PECVD-Prozessen [33, 41]. Im Magnetron-PECVD-Prozess hat der Verdünnungsgrad von Silan in Wasserstoff nur einen geringen Einfluss von ca. 5 at.-% auf den Wasserstoffgehalt der amorphen Siliziumschicht. Meiling et. al [106]

(HF-PECVD mit 13,56 MHz) zeigten, dass es mit einer stärkeren Verdünnung des Silans durch Wasserstoff zu einer Abnahme des Wasserstoffgehaltes in der Schicht kommt. Das entspricht in Abbildung 6.15 dem Bereich zwischen 20 sccm und 80 sccm. Begleitet wird die Abnahme des Wasserstoffgehalts durch eine Änderung der Bindungsverhältnisse der Schicht. Es kommt zu einer Abnahme von SiH_2- und SiH_3-Bindungen und zu einer Zunahme von SiH-Bindungen. Das entspricht einer Abnahme des Mikrostrukturparameters. Die genannten Effekte wurden ebenfalls von Okamoto et. al [107] geschildert.

Hinsichtlich des Wasserstoffgehalts (Abbildung 6.15), abgesehen vom Zwischenminimum, scheint eine Zugabe von Wasserstoff zum Prozessgas Silan keine Rolle zu spielen.

In direktem Zusammenhang mit dem Wasserstoffgehalt der Schicht steht die Größe der Bandlücke, die für die Anwendung in der Photovoltaik wichtig ist. Eine Verdünnung von Silan mit Wasserstoff führt auf der einen Seite zwar zu einer Defektpassivierung, auf der anderen Seite aber auch zu einer Vergrößerung der Bandlücke [6]. Dadurch vergrößert sich die Leerlaufspannung einer Solarzelle im Vergleich zu einer Zelle, die ohne Wasserstoffverdünnung hergestellt wurde.

Da der Wasserstoffgehalt der Schichten entsprechend Abbildung 6.15 nahezu konstant ist, ist auch zu erwarten, dass die Verdünnung von Silan mit Wasserstoff keinen signifikanten Einfluss auf die Größe der Bandlücke E_{Tauc} hat. Dies wurde durch Versuche bestätigt (Abbildung 6.16). Es tritt mit steigendem Wasserstofffluss lediglich eine ganz leichte Abnahme der Bandlücke auf. Allerdings fällt auch auf, dass der Wert für E_{Tauc} im untersuchten Bereich zwischen 0 und 250 sccm Wasserstoff Werte über 2 eV annimmt. Damit ist die Bandlücke im Vergleich zu typischem Device-Grade-Material (Tabelle 2.1, $E_{Tauc} < 1{,}8\,\mathrm{eV}$) zu groß. Ein größere Bandlücke hat zur Folge, dass das eingestrahlte Sonnenlicht weniger gut ausgenutzt wird, da nur Licht mit einer Energie oberhalb der Bandlücke absorbiert wird.

In Abbildung 6.17a ist die Photoempfindlichkeit $\sigma_{\mathrm{hell}}/\sigma_{\mathrm{dunkel}}$ in Abhängigkeit vom Wasserstofffluss dargestellt. Die Schichten, die in reiner Silan-Argon-Atmosphäre abgeschieden wurden, weisen eine Photoempfindlichkeit von über 20.000 auf. Mit Blick auf die Werte für Materialien in Device-Grade-Qualität (Tabelle 2.1) von $\sigma_{\mathrm{hell}}/\sigma_{\mathrm{dunkel}}$ $>$100.000 erhält man mit dem Magnetron-PECVD-Prozess schon ohne zusätzlichen Wasserstoff gute Ergebnisse. Durch die Zugabe von Wasserstoff steigt bei einem Fluss von 200 sccm der Wert bis auf über 250.000 an. Bei weiterer Erhöhung des Wasserstoffflusses über 200 sccm kommt es zu einem drastischen Abfall der Photoempfindlichkeit um mehrere Größenordnungen auf Werte zwischen 4 und 15. Die Ursache ist im Verhalten der Dunkelleitfähigkeit begründet (Abbildung 6.17b).

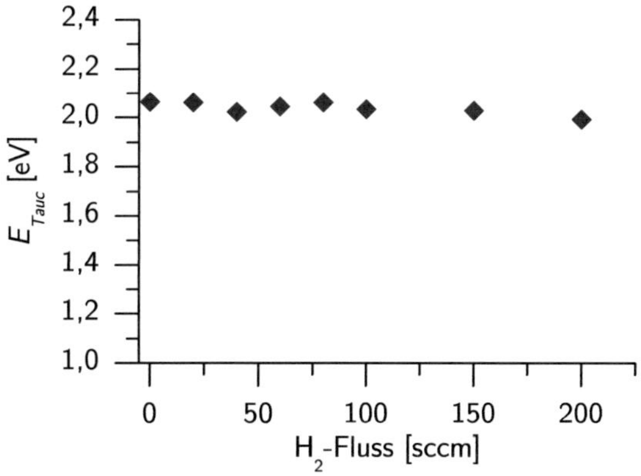

Abb. 6.16.: Abhängigkeit der Bandlücke E_{Tauc} vom Wasserstofffluss (Silan 15 sccm, Argon 10 sccm, Leistung 4 kW).

Die Dunkelleitfähigkeit σ_{dunkel} bleibt über einen weiten Bereich von 0 bis 200 sccm Wasserstoff relativ konstant bei Werten um $3,5 \times 10^{-12} (\Omega\text{cm})^{-1}$. Bei weiterer Erhöhung des H-Flusses kommt es zu einem sprunghaften Anstieg von σ_{dunkel} über mehrere Größenordnungen fast bis auf Werte von σ_{hell}. Bei σ_{hell} ist mit zunehmendem Wasserstofffluss eine stetige Zunahme von etwas mehr als einer Größenordnung festzustellen.

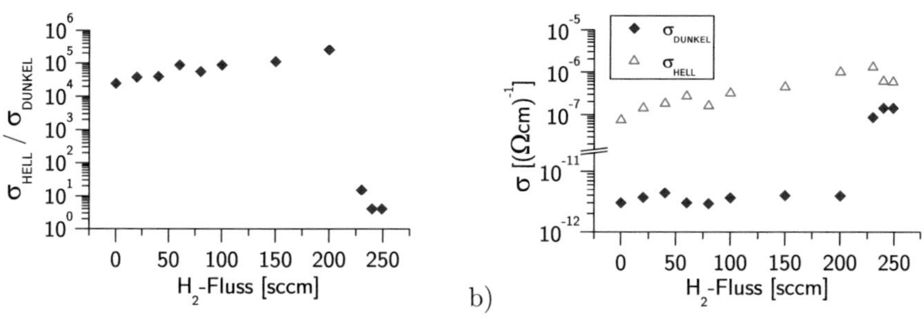

Abb. 6.17.: a) Photoempfindlichkeit und b) Hell- und Dunkelleitfähigkeit in Abhängigkeit vom Wasserstofffluss (15 sccm Silan, 10 sccm Argon, Leistung 4 kW, Schichtdicke 0,6 µm).

Zur Erklärung dieses Verhaltens können zwei Effekte herangezogen werden. Der Anstieg der Hellleitfähigkeit mit steigendem Wasserstofffluss zeigt, dass durch den zusätzlichen Wasserstoff eine effektive Defektpassivierung stattfindet (Effekt A). Dangling-Bonds werden abgesättigt und dadurch die Zustandsdichte für Ladungsträger in der Beweglichkeitslücke reduziert. Durch die verringerte Anzahl an Traps können also bei Bestrahlung mit Licht mehr Ladungsträger vom Valenz- ins Leitungsband gelangen. Somit vergrößert sich die Hellleitfähigkeit. Ab einem Wasserstofffluss von 200 sccm kommt es zu einem sehr starken Anstieg der Dunkelleitfähigkeit. Wie im Kapitel 2.2.2 erörtert wurde, diffundiert atomarer Wasserstoff während der Schichtabscheidung durch die oberflächennahe Wachstumszone und ist in der Lage, schwache Si-Si-Bindungen aufzubrechen und in eine Si-H-Bindung und in eine offene Si-Bindung umzuformen (Effekt B, Erhöhung der Zustandsdichte in der Mitte der Bandlücke). Die offene Si-Bindung kann wiederum durch weiteren Wasserstoff abgesättigt werden (Effekt A). Beide Effekte wirken gleichzeitig, aber mit unterschiedlicher Stärke. Dann müsste ab einem bestimmten Wasserstofffluss (200 sccm) Effekt B stärker zum Tragen kommen als Effekt A.

6.5. Mikrostrukturparameter und Wasserstoffgehalt

Neben dem Wasserstoffgehalt ist auch die Art der Bindung des Wasserstoffes in der Schicht für die Qualität der abgeschiedenen Sililiziumschichten von Bedeutung. Der Mikrostrukturparameter R^* beschreibt, in welcher Konfiguration Wasserstoff in der Siliziumschicht gebunden ist. Er gibt das Verhältnis von SiH_2- und SiH_3-Bindungen zu allen SiH_n-Bindungen ($n = 1 \ldots 3$) an (Abschnitt 4.3.3). Ein kleiner Mikrostrukturparameter bedeutet also einen sehr geringen Gehalt an SiH_2- und SiH_3-Bindungen. In diesem Fall ist Wasserstoff hauptsächlich in der Form SiH gebunden. Gutes Device-Grade-Material hat einen Mikrostrukturparameter von $R^* < 0{,}1$ (Tabelle 2.1, [6]). Ein hoher Mikrostrukturparameter steht in Zusammenhang mit einem schlechteren Degradationsverhalten infolge des Staebler-Wronski-Effekts (Abschnitt 2.2.1) [108, 109].

Wie im letzten Abschnitt gezeigt wurde, ist der Wasserstoffgehalt der hergestellten Schichten mit 20 ... 26 at.-% relativ hoch und vom eingelassen Wasserstofffluss unabhängig. Um zu ermitteln, in welcher Form Wasserstoff in der Schicht gebunden ist, wurde der Mikrostrukturparameter bestimmt (Abbildung 6.18).

Es zeigt sich, dass die Kurvenform in Abbildung 6.18 einen ähnlichen Verlauf wie der Wasserstoffgehalt in Abbildung 6.15 hat. Die Herstellung von Proben mit unterschiedlichem Wasserstofffluss zeigt nahezu keinen Einfluss auf den Wert des Mikrostrukturparameters. Desweiteren verfügen alle hergestellten Schichten in Abbildung 6.18 über einen relativ großen Mikrostrukturparameter von $R^* \geq 0,6$. Diese Schichten wären damit als Device-Grade-Material nicht brauchbar. Während es im klassischen HF-PECVD-Prozess durch die Zugabe von Wasserstoff zum Prozessgas Silan möglich ist den Wasserstoffgehalt und den Mikrostrukturparameter R^* zu senken (Abschnitt 2.2.2), ist dies im hier untersuchten Magnetron-PECVD-Prozess nicht der Fall.

In Abbildung 6.19 ist zum besseren Überblick der Zusammenhang zwischen dem Mikrostrukturparameter R^* und der Photoempfindlichkeit $\sigma_{\text{hell}}/\sigma_{\text{dunkel}}$ für verschiedene Beschichtungsserien dargestellt. Wie schon in den Abschnitten 6.3 und 6.4 gezeigt wurde, ist die Photoempfindlichkeit trotz des hohen R^* bei bestimmten Prozessbedingungen sehr gut.

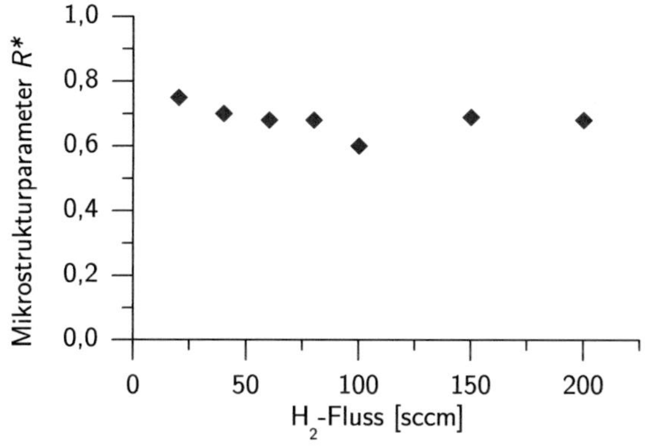

Abb. 6.18.: Mikrostrukturparameter R^* in Abhängigkeit vom Wasserstofffluss bei amorphen Siliziumschichten: Silan 15 sccm, Argon 10 sccm, Leistung 4 kW, Vorheizleistung 10 % für 10 min; Schichtdicke 0,6 µm.

Aus Abbildung 6.17a wird außerdem deutlich, dass durch zusätzlichen Wasserstoffeinlass eine gute Defektpassivierung stattfindet. Aus Abbildung 6.19 geht allerdings hervor, dass es trotz hoher Werte $\sigma_{\text{hell}}/\sigma_{\text{dunkel}}$ für die Photoempfindlichkeit zu einem ungünstigen Einbau von Wasserstoff kommt. Es kann somit geschlussfolgert werden, dass die Wachstumsmechanismen der Schichten im Magnetron-PECVD-Prozess etwas anders ablaufen als in HF-PECVD-Prozessen. Mit dem Magnetron-PECVD-Prozess ist es somit zwar möglich, anfänglich gute Schichten herzustellen, aufgrund des hohen Mikrostrukturparameters ist aber infolge des Staebler-Wronski-Effekts von einer wesentlich schnelleren Degradation auszugehen [34].

Entsprechend den gängigen Modellvorstellungen zum Schichtwachstum von amorphen Siliziumschichten (Abschnitt 2.2.2) aus einem Silan-Wasserstoff-Plasma ist das Radikal SiH_3 hauptverantwortlich für die Schichtbildung und die entsprechenden Schichteigenschaften (Tabelle 2.1). Wenn SiH_3 im Plasma eine hohe Teilchenzahldichte besitzt, weisen die Schichten einen niedrigen Mikrostrukturparameter ($R^* < 0{,}1$) auf. Umgekehrt bedeutet das aber, dass bei einem zu hohen Mikrostrukturparameter ($R^* \geq 0,6$) SiH_3 nicht das vorherrschende Radikal ist. Wie aus den Messungen der Plasmaeigenschaften, insbesondere der Elektronentemperatur (Abschnitt 5.2) hervorgeht, sind die

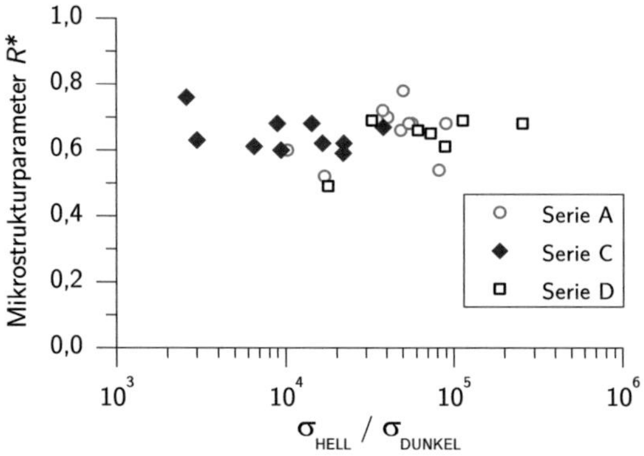

Abb. 6.19.: Korrelation zwischen dem Mikrostrukturparameter R^* und der Photoempfindlichkeit $\sigma_{hell}/\sigma_{dunkel}$. Variiert wurden die Parameter Substrattemperatur, Wasserstofffluss bzw. Silangehalt, Argonfluss und Leistung.

Teilchenenergien in der gepulst betriebenen Magnetronentladung um einiges höher als in HF- und VHF-Plasmen. Ausgehend von den Energien, die für die Bildung der verschiedenen Radikale bei der Silandissoziation notwendig sind (Abbildung 2.9), kann davon ausgegangen werden, dass ein erhöhter Anteil von SiH_2 und SiH im Plasma vorhanden ist. Durch den erhöhten Beitrag dieser Radikale zur Schichtbildung kommt es vermehrt dazu, dass ein Siliziumatom höchstens über zwei oder ein Siliziumatom als Bindungspartner verfügt. Die offenen Bindungen oder Fehlstellen (Dangling Bonds) treten also nicht nur hauptsächlich in der Form Si_3^0 auf, sondern verstärkt als Si_2^0 und Si_1^0. Werden diese Dangling Bonds dann durch Wasserstoff abgesättigt, führt das durch die entstandenen SiH_2- und SiH_3-Bindungen zu einem hohen Mikrostrukturparameter.

Die Andersartigkeit der Plasmabedingungen und der dadurch beeinflussten Wachstumsprozesse im Magnetron-PECVD-Prozess wird auch in Abbildung 6.20 deutlich. Hier ist der Mikrostrukturparameter gegen den Wasserstoffgehalt der Schichten aufgetragen. Es zeigt sich, dass selbst bei einem für den Magnetron-PECVD-Prozess relativ geringen Wasserstoffgehalt von rund 18 at.-% ein hoher Mikrostrukturparameter vorliegt. Selbst bei geringem Wasserstoffgehalt in der Schicht ist Wasserstoff hauptsächlich in der Form SiH_2 und SiH_3 gebunden.

Es wurde gezeigt, dass die starke Anregung des Silans in der gepulst betriebenen Entladung zu einem hohen Ausnutzungsgrad des Prekursors Silan führt. Die vielen vorhandenen angeregten Spezies, die zur Schichtbildung beitragen, führen zu einer hohen Beschichtungsrate (Abbildung 6.4). Die starke Anregung und gute Dissoziation des Silans im Plasma zeigten sich in einer hohen Plasmadichte (Abbildung 5.2b) und in einem hohen Ionenstrom (Abbildung 5.2c). Da die erreichten Werte für Mikrostrukturparameter und Wasserstoffgehalt relativ weit von den Anforderungen an Device-Grade-Material entfernt sind, scheinen sich die Plasmaeigenschaften aber negativ auf die gewünschten Schichteigenschaften auszuwirken.

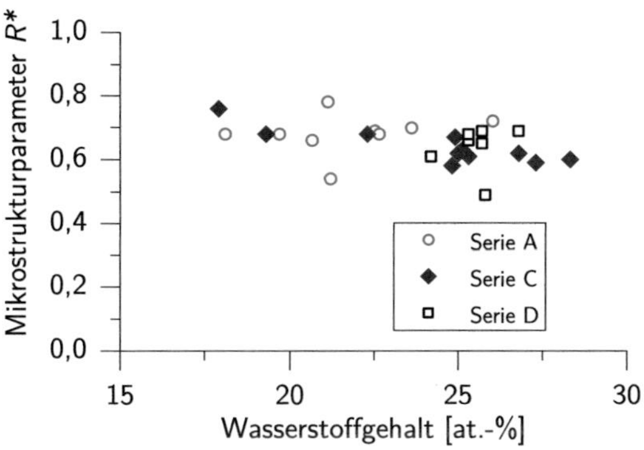

Abb. 6.20.: Zusammenhang zwischen Mikrostrukturparameter und Wasserstoffgehalt in amorphen Siliziumschichten. Variiert wurden die Parameter Substrattemperatur, Wasserstofffluss bzw. Silangehalt, Argonfluss und Leistung.

Die Messung der Elektronentemperatur zeigt, dass im Magnetron-PECVD-Prozess viel höhere Energien der Teilchen vorherrschen als im HF-PECVD-Prozess (Abbildungen 5.2a und 5.5). Die Elektronentemperatur ist ein Maß für die mittlere kinetische Energie $\overline{E_{kin}}$ der Elektronen, die gegeben ist durch

$$\overline{E_{kin}} = \frac{3}{2}\mathrm{k_B}T_e \tag{6.4}$$

mit der Elektronentemperatur T_e und der Boltzmannkonstante $\mathrm{k_B}$. Die hohe Elektronentemperatur spiegelt sich auch in der Energieverteilung der Elektronen wieder (Abbildung 5.11). Das Maximum der Energie wird erst bei relativ hohen Energien erreicht. Ebenso ist der hochenergetische Teil der Verteilung stärker ausgeprägt.

6.6. Einfluss des Argonflusses

Wenn nicht anders angegeben, wurden bis jetzt alle Versuche mit der Leistung 4 kW und dem Argon-Fluss 10 sccm durchgeführt. Daher soll im Folgenden (Abschnitt 6.6, 6.7) der Frage nachgegangen werden, ob es nicht durch Variation von Argonfluss oder elektrischer Leistung möglich ist, die Schichteigenschaften zu verbessern.

Im Abschnitt 6.1 erfolgte eine Grundcharakterisierung des Magnetron-PECVD-Prozesses, wo unter anderem die Langzeitstabilität des Abscheideprozesses untersucht wurde. Es war gezeigt worden, dass es im Laufe der Beschichtungen zu einer Bedeckung des Targets mit einer isolierenden Siliziumschicht kommt. Bei einer kompletten Bedeckung kann keine stabile Prozessführung mehr erfolgen. Durch die Zugabe des Inertgases Argon zum Prozessgas Silan wurde erreicht, dass das Target im Bereich des Sputtergrabens nicht mit einer isolierenden Siliziumschicht bedeckt wird. Dies ermöglicht eine gute Langzeitstabilität des Prozesses. Weiterhin zeigte sich, dass durch die Zugabe von Argon das Verunreinigungsniveau der abgeschiedenen Schichten verringert wird (Tabelle 6.2).

In Abbildung 6.21 ist der Einfluss des Argonflusses auf den Mikrostrukturparameter R^* dargestellt. Es zeigt sich, dass der Argonfluss im untersuchten Bereich von 5 bis 20 sccm Argon den Mikrostrukturparameter nicht beeinflusst.

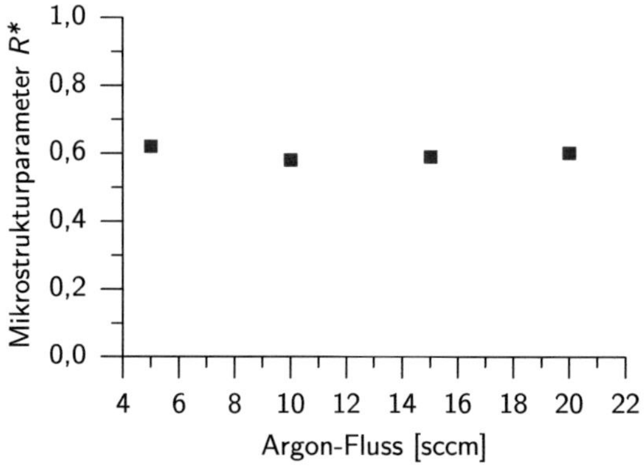

Abb. 6.21.: Mikrostrukturparameter R^* für amorphe Siliziumschichten in Abhängigkeit vom Argonfluss: Silan 15 sccm, Wasserstoff 100 sccm; Leistung 4 kW; Schichtdicke 0,6 µm.

Das Gleiche gilt für den Einfluss des Argonflusses auf den Wasserstoffgehalt (Abbildung 6.22). Es zeigt sich, dass auch Wasserstoffgehalt und Mikrostrukturparameter relativ hohe Werte aufweisen und weitestgehend unabhängig von den Prozessparametern sind.

Wie in Abschnitt 6.5 bereits vermutet wurde, scheint der hohe Mikrostrukturparameter und der hohe Wasserstoffgehalt eine Folge der relativ hohen Elektronentemperatur zu sein. Damit ist der Mikrostrukturparameter eine Folge der Eigenschaften der verwendeten Plasmaquelle und hängt weniger von den eingestellten Prozessparametern ab. Die

Ergebnisse der Langmuir-Sonden-Messung (Abbildung 5.2a) bestätigen diese These, da die Elektronentemperatur über den gesamten Variationsbereich des Wasserstoffes relativ hoch ist.

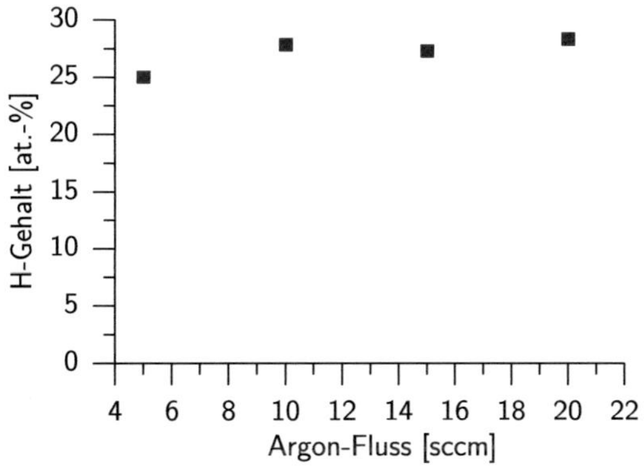

Abb. 6.22.: Wasserstoffgehalt von amorphen Siliziumschichten in Abhängigkeit vom Argonfluss: Silan 15 sccm, Wasserstoff 100 sccm; Leistung 4 kW.

In Abbildung 5.8 war gezeigt worden, dass es zwar zu einer leichten Abnahme von T_e mit steigendem Argonfluss kommt, aber es keinen signifikanten Einfluss von Argon auf die Elektronentemperatur gibt.

Durch die Ergebnisse in den Abbildungen 6.21 und 6.22 bestätigt sich nun, dass diese prozesstechnische Maßnahme keinen relevanten Einfluss auf die untersuchten Schichteigenschaften wie Mikrostrukturparameter und Wasserstoffgehalt hat.

Einen geringen Einfluss hat Argon jedoch auf die Leitfähigkeit bzw. auf die Photoempfindlichkeit (Abbildungen 6.23a, b). Bei einem Argonfluss von 20 sccm kommt es zu einem leichten Anstieg der Dunkelleitfähigkeit und somit zu einer leichten Abnahme der Photoempfindlichkeit. Im Rahmen der Messunsicherheit kann dieser Effekt aber vernachlässigt werden. Es ist somit möglich, den Argonfluss für eine optimale Prozessführung über einen weiten Bereich zu variieren, ohne dabei Schichteigenschaften negativ zu beeinflussen.

Es sei noch darauf hingewiesen, dass bei der Prozessinbetriebnahme (mit einem Aluminium-Target) die Zugabe von Argon zum Gemisch aus Silan und Wasserstoff eine leichte Reduzierung des Wasserstoffgehalts der Schichten zur Folge hatte (Tabelle 6.2, Bedingung 4: 0 sccm Argon und 9,5 at.-% Wasserstoff; Bedingung 3: 10 sccm Argon und 7,4 at.-% Wasserstoff). Der Einfluss des Aluminium-Targets auf diese Ergebnisse wurde

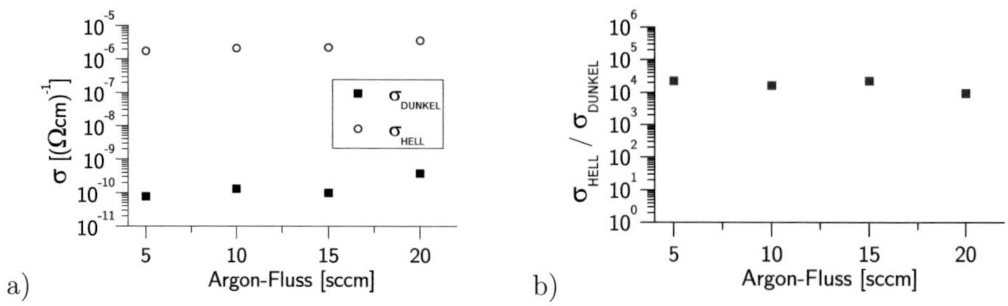

Abb. 6.23.: Einfluss vom Argonfluss auf a) die Dunkel- und Hellleitfähigkeit und b) die Photoempfindlichkeit von amorphen Siliziumschichten.

bereits in Abschnitt 6.4 diskutiert. Da für die stabile Prozessführung in der Entladung Argon benötigt wird, spielt der Parametersatz ohne Argonzugabe für Abscheidung von Siliziumschichten keine Rolle.

6.7. Einfluss der elektrischen Leistung

Die elektrische Leistung betrug während aller bisher diskutierten Experimente 3,2 kW am Außentarget und 0,8 kW am Innentarget (Angabe als Gesamtleistung von 4 kW). In diesem Abschnitt soll der Einfluss der Leistung auf die Schichteigenschaften untersucht werden. Dazu wurde die Leistung im Bereich 2,5 ... 6,25 kW variiert. Die untersuchten Schichteigenschaften sind Wasserstoffgehalt, Mikrostrukturparameter und die Leitfähigkeit.

Abbildung 6.24 stellt den Wasserstoffgehalt als Funktion der Beschichtungsleistung dar. Der Wasserstoffgehalt der hergestellten amorphen Siliziumschichten beträgt im Mittel 25,7 at.-% und ist nahezu unabhängig von der elektrischen Leistung. Der Mikrostrukturparameter (Abbildung 6.25) zeigt einen ähnlichen Verlauf in Abhängigkeit von der Leistung wie der Wasserstoffgehalt. Mit einem Durchschnittswert von 0,64 ist er vergleichbar hoch wie in den vorangegangenen Experimenten.

Die Ergebnisse der Leitfähigkeitsmessungen sind in Abbildung 6.26a dargestellt. Mit zunehmender Leistung kommt es zu einer leichten Zunahme der Hell- wie auch der Dunkelleitfähigkeit. Dabei ist die relative Zunahme der Dunkelleitfähigkeit in etwa so groß wie die Zunahme der Hellleitfähigkeit. Dies äußert sich in einer nahezu konstanten Photoempfindlichkeit (Abbildung 6.26b).

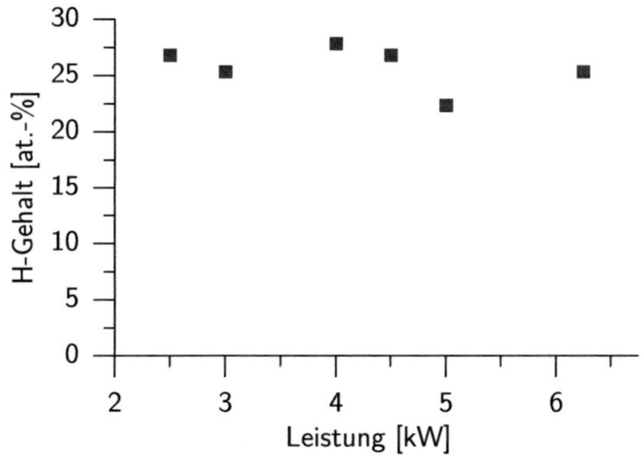

Abb. 6.24.: Wasserstoffgehalt amorpher Siliziumschichten in Abhängigkeit von der elektrischen Leistung. Gasgemisch: 15 sccm Silan, 10 sccm Argon, 100 sccm Wasserstoff. Leistung 4 kW. 10 min Vorheizen mit 10 % Heizerleistung.

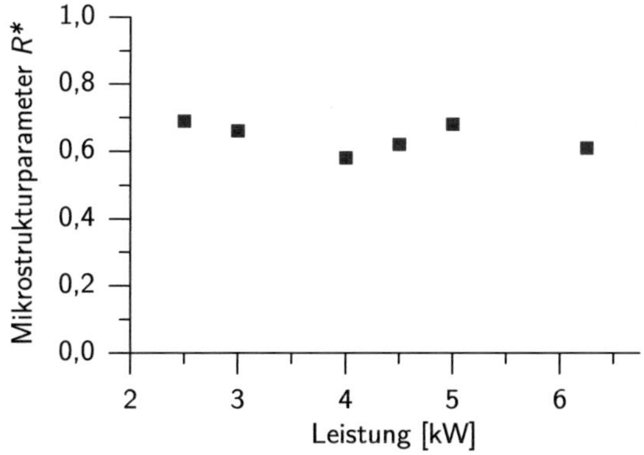

Abb. 6.25.: Mikrostrukturparameter R^* in Abhängigkeit von der elektrischen Leistung. Gasgemisch: 15 sccm Silan, 10 sccm Argon, 100 sccm Wasserstoff. Leistung 4kW. Vorheizen: 10 min mit 10 % Heizerleistung.

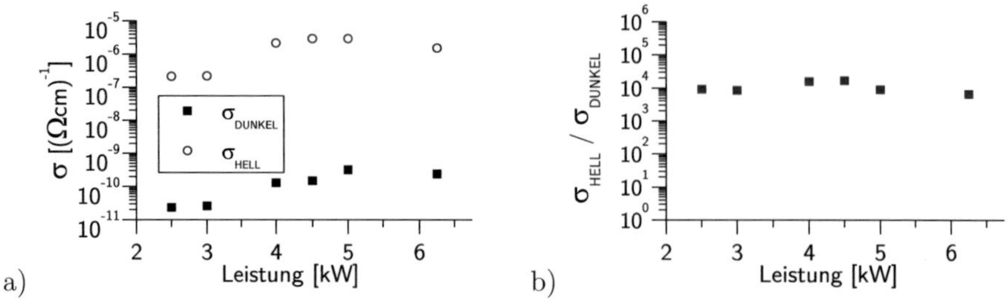

Abb. 6.26.: Einfluss der Leistung auf a) die Dunkel- und Hellleitfähigkeit und b) die Photoempfindlichkeit von amorphen Siliziumschichten.

Wie gezeigt wurde, hat die Beschichtungsleistung im untersuchten Bereich zwischen 2,5 kW und 6,25 kW keinen nennenswerten Einfluss auf die wesentlichen Schichteigenschaften, abgesehen von einem leichten Anstieg von Hell- und Dunkelleitfähigkeit. Da die dem Prozess zugeführte elektrische Leistung eine wesentliche Einflussgröße auf die Beschichtungsrate darstellt, sind die untersuchten Schichteigenschaften demzufolge nur wenig von der Beschichtungsrate abhängig.

6.8. Zusammenfassung

Im Kapitel 5 wurde gezeigt, dass die Plasmaparameter wie Elektronentemperatur, Plasmadichte und Ionensättigungsstrom sehr stark vom Wasserstofffluss abhängen und im Vergleich mit anderen PECVD-Prozessen sehr hohe Werte annehmen ($T_e > 8\,\mathrm{eV}$; $n_e > 8 \times 10^{10}\,\mathrm{cm}^{-3}$). Dies gilt auch für Versuche ohne Wasserstoff nur mit Silan und Argon. Im Gegensatz dazu zeigte eine Variation des Silanflusses so gut wie keine Auswirkungen auf die genannten Plasmaparameter.

In den in Abschnitt 3 genannten Verfahren stellt die Zugabe von Wasserstoff zum Prozessgas einen wesentlichen Parameter dar, um Schichteigenschaften in Device-Grade-Qualität zu erhalten (siehe Abschnitt 2.2.2). Für die Hellleitfähigkeit und die Photoempfindlichkeit trifft dies auch beim Magnetron-PECVD-Prozess zu. Für den Wasserstoffgehalt und den Mikrostrukturparameter trifft dies nicht zu. Zum einen liegen die erzielten Werte relativ weit von den Anforderungen an Device-Grade-Material entfernt. Zum anderen sind Wasserstoffgehalt und Mikrostrukturparameter nahezu unabhängig vom Wasserstofffluss sowie von anderen Prozessparametern wie elektrischer Leistung oder Argonfluss.

Wie in Kapitel 5 zu sehen war, führt die Zugabe von Wasserstoff in die Entladung zu einem starken Anstieg von Elektronenenergie und Ionenstromdichte. Aus der ermittelten Elektronenenergieverteilung des Magnetron-PECVD-Prozesses mit ihrem starken hochenergetischem Ausläufer wurde ersichtlich, dass Silan viel stärker angeregt und defragmentiert werden muss als in HF- und Mikrowellenprozessen. Das hat die Bildung von ungünstigen Radikalen zur Folge und damit einen negativen Einfluss auf die Schichteigenschaften. Es liegen somit zwei entgegengesetzte Effekte des Wasserstoffs vor (positive Wirkung bei Photoempfindlichkeit, negative Wirkung bei Wasserstoffgehalt und Mikrostrukturparameter).

Damit erweist sich die Energieverteilung der Elektronen im Plasma als wesentliche Eigenschaft des Magnetron-PECVD-Prozesses zur Erklärung der unzureichenden Schichteigenschaften (Abbildung 5.11). Zusammen mit dem Verständnis des Schichtbildungsprozesses (Abschnitt 2.2.2) und den Bildungsenergien von bestimmten Radikalen durch Elektronenstoß aus dem Silanmolekül (Abbildung 2.9) liefert die Energieverteilung des Magnetron-PECVD-Prozesses die Begründung für die erreichten Eigenschaften der amorphen Siliziumschichten.

Durch die hohe Plasmadichte werden pro Zeiteinheit viele Silanmoleküle aktiviert und zu schichtbildenden Radikalen aufgespalten. Das zeigt sich in der hohen Beschichtungsrate. Die hohe Plasmadichte ist daher ein Vorteil des Magnetron-PECVD-Prozesses gegenüber den häufig genutzten HF- und VHF-PECVD-Prozessen. Wichtigster Nachteil des hier untersuchten PECVD-Prozesses ist die hohe Energie der Elektronen infolge der hohen Elektronentemperatur. Die Bereiche, in denen sich Elektronentemperatur T_e und Plasmadichte n_e für die verschiedenen PECVD-Prozesse zur Abscheidung amorpher Siliziumschichten befinden, sind in Abbildung 6.27 dargestellt.

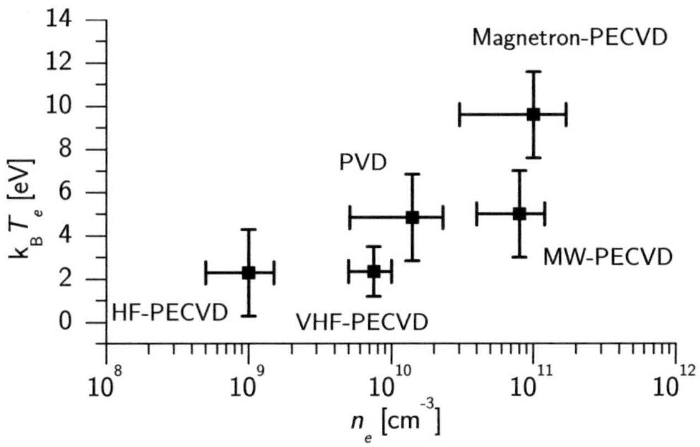

Abb. 6.27.: Bereiche der Elektronentemperatur und Elektronendichte für verschiedene PECVD- bzw. PVD-Prozesse zur Abscheidung von amorphen Siliziumdünnschichten [92, 6, 93, 55].

Alle etablierten Prozesse zur Abscheidung von Siliziumschichten aus einem Silan-Wasserstoff-Plasma verfügen über eine ähnliche Elektronentemperatur von 2 ... 5 eV. Mit größerer Plasmadichte kommt es zu einer Steigerung der Beschichtungsrate. Der Magnetron-PECVD-Prozess liegt mit seiner Plasmadichte in der selben Größenordnung wie Prozesse mit Mikrowellenanregung. Die Elektronentemperatur ist jedoch deutlich höher. Aus diesem Grund ist es aus gegenwärtiger Sicht nicht möglich, Device-Grade-Material mit dem Magnetron-PECVD-Prozess abzuscheiden. Der große Vorteil des hier untersuchten Prozesses ist die hohe Beschichtungsrate, welche durch die hohe Plasmadichte hervorgerufen wird. Sollte diese weiterhin von industriellem Interesse sein, müssen Versuche unternommen werden um die Elektronentemperatur zu senken.

7. Abscheidung von mikrokristallinen Siliziumschichten

Die Kapitel 5 und 6 der vorliegenden Arbeit behandeln die Herstellung von amorphen Siliziumschichten mit dem Magnetron-PECVD-Prozess. Zur Herstellung effizienter Dünnschichtsolarzellen benötigt man neben amorphen auch mikrokristalline Siliziumdünnschichten. Ein häufig genutzter Aufbau einer solchen Solarzelle ist die sogenannte Tandemzelle (Abbildung 7.1a). Dadurch wird eine bessere Ausnutzung des Sonnenspektrums erreicht [110] (Abbildung 7.1b). Dieser Schichtstapel wird auch als *micromorph* bezeichnet [111].

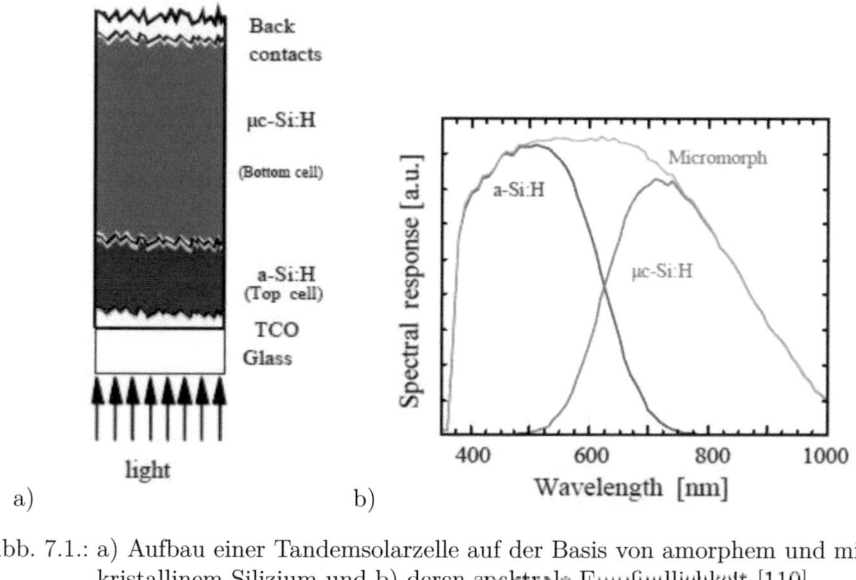

Abb. 7.1.: a) Aufbau einer Tandemsolarzelle auf der Basis von amorphem und mikrokristallinem Silizium und b) deren spektrale Empfindlichkeit [110].

7.1. Mikrokristallines Wachstum

Hauptverantwortlich für mikrokristallines Wachstum ist der Verdünnungsgrad von Silan in Wasserstoff

$$X_{SiH_4} = \frac{q_{SiH_4}}{q_{SiH_4} + q_{H_2}}. \tag{7.1}$$

Dabei bezeichnen q_{SiH_4} und q_{H_2} die Gasflüsse für Silan und Wasserstoff. Die Verringerung von X_{SiH_4} führt unterhalb einer bestimmten Schwelle zu mikrokristallinem Wachstum [112, 48] (siehe Abschnitt 2.3). Diese Schwelle ist dabei von verschiedenen Faktoren wie dem Prozess bzw. den Abscheideparametern (Druck, Leistung, Gasflüsse) (siehe Abbildung 2.11) abhängig.

In den in dieser Arbeit durchgeführten Versuchen wurde der Silangehalt in einem Bereich zwischen 0 und 13 % variiert. Alle Versuche wurden im bipolaren Pulsmodus durchgeführt und die Leistung betrug 4 kW. Die ermittelte Raman-Kristallinität X_C (siehe Abschnitt 4.3.4) in Abhängigkeit vom Silangehalt ist in Abbildung 7.2 dargestellt.

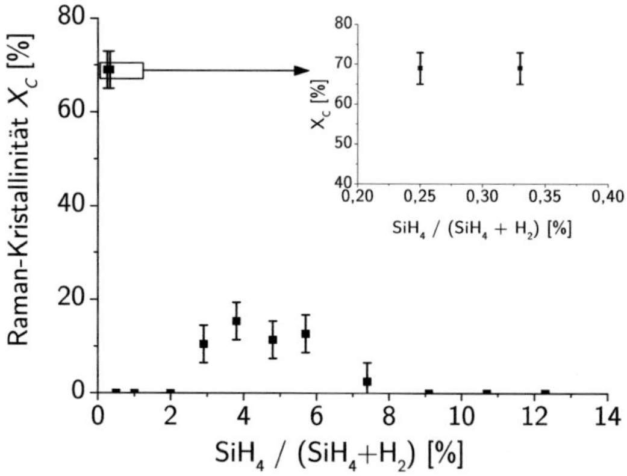

Abb. 7.2.: Raman-Kristallinität X_C von mikrokristallinen Siliziumschichten in Abhängigkeit vom Silangehalt X_{SiH_4}: Leistung 4 kW; Silan 0,5 ... 14 sccm; Wasserstoff 100 ... 200 sccm; Argon 10 sccm.

Es ergibt sich ein gegenüber den Ergebnissen anderer Autoren (z.B. VHF-PECVD mit 40,68 MHz [48]) abweichender Verlauf (siehe Abbildung 2.11). Das mikrokristalline Wachstum beginnt bei einem Silangehalt von weniger als 8 %. Bei weiterer Verringerung von X_{SiH_4} zwischen 8 % und 4 % steigt der kristalline Anteil der Schicht bis auf Werte von etwa 15 % an. Wird der Silangehalt dann noch weiter verringert, kommt es überraschenderweise zu einer Abnahme des kristallinen Anteils. Bei einem Silangehalt von 2 % und darunter erhält man sogar wieder rein amorphe Schichten. Das zeigt sich daran, dass im Raman-Spektrum der Peak bei 520 cm^{-1}, der durch die kristalline Phase verursacht wird, nicht mehr vorhanden ist. Nachdem zwischen 2 und 0,5 % Silangehalt der kristalline Anteil ganz fehlt bzw. verschwindet, kommt es bei Silangehalten von unter 0,5 % zu einem abrupten Anstieg der Raman-Kristallinität auf rund 70 %. Das entspricht der Raman-Kristallinität, die als Optimum bei mikrokristallinem Silizium für die Photovoltaik angesehen wird (Abschnitt 4.3.4).

Es verhält sich so, als ob bei einem Silangehalt zwischen 0,5 und 2 % der Effekt, der zu mikrokristallinem Wachstum führt, zum Erliegen kommt oder aber durch einen anderen Effekt kompensiert wird. Bei Verringerung des Silangehaltes scheint die Kompensation bei einem Silangehalt von weniger als 3,8 % einzusetzen.

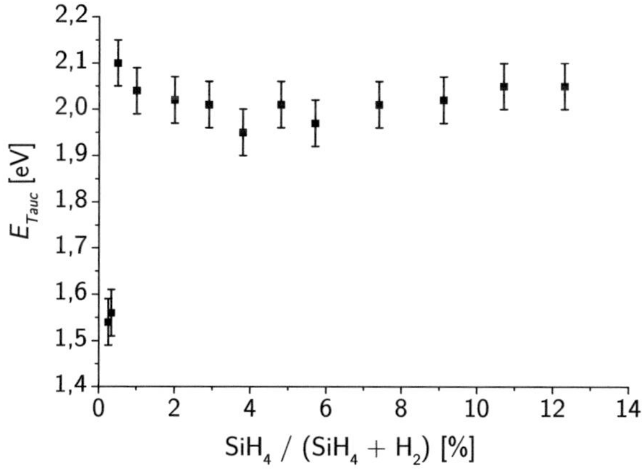

Abb. 7.3.: Bandlücke E_{Tauc} in Abhängigkeit vom Silangehalt X_{SiH_4} für mikrokristalline Siliziumschichten: Leistung 4 kW; Silan 0,5 ... 14 sccm; Wasserstoff 100 ... 200 sccm; Argon 10 sccm.

In Abbildung 7.3 ist die Bandlücke in Abhängigkeit vom Silangehalt dargestellt. Es ist zu sehen, dass der Verlauf der Bandlücke E_{Tauc} mit dem Verlauf des kristallinen Anteils X_C (Abbildung 7.2) korreliert. Eine Vergrößerung von X_C geht mit einem kleineren E_{Tauc} einher. Die rein amorphen Schichten ($X_C = 0$) weisen eine Bandlücke von etwas mehr als 2 eV auf. Das deckt sich mit den Ergebnissen von Abbildung 6.16. Bei den Schichten mit einem X_C zwischen 10 und 15 % ($X_{SiH_4} \approx 4$ %) verringert sich die Bandlücke leicht. Der Sprung des kristallinen Anteils auf fast 70 % spiegelt sich auch in der Bandlücke wieder. E_{Tauc} ändert sich von rund 2 eV auf 1,55 eV bei einem Silangehalt von weniger als 0,5 %.

Da die Struktur der Schicht eine Folge der Wachstums- bzw. Oberflächenprozesse ist (Abschnitte 2.2 und 2.3), kann angenommen werden, dass bei Änderung von der mikrokristallinen zur amorphen Struktur bei Verringerung des Silangehaltes ($X_{SiH_4} \leq 2\,\%$) auch die Beschichtungsrate in Abhängigkeit vom Silangehalt an der entsprechenden Stelle eine Auffälligkeit zeigt (Abbildung 7.4). Dies bestätigt sich bei den Änderungen im Anstieg der Beschichtungsrate bei den Silangehalten 0,5 % und ca. 6,5 %.

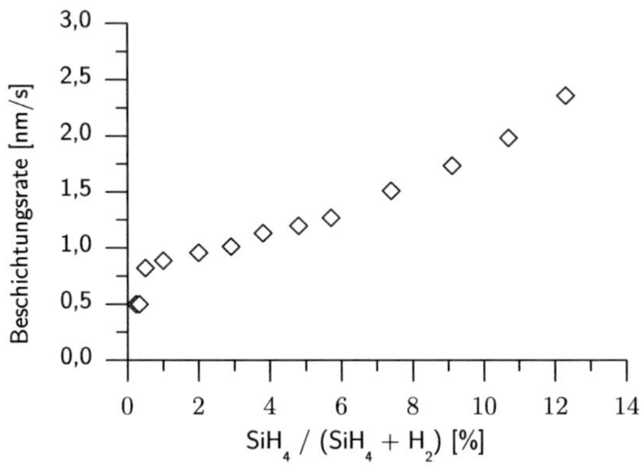

Abb. 7.4.: Beschichtungsrate als Funktion des Silangehaltes für mikrokristalline Siliziumschichten: Leistung 4 kW; Silan 0,5 ... 14 sccm; Wasserstoff 100 ... 200 sccm; Argon 10 sccm.

Ein starker Abfall der Rate tritt bei Verringerung des Silangehaltes von 0,5 auf 0,33 % auf. Diese Stelle korreliert mit dem Sprung der Raman-Kristallinität von 0 auf rund 70 % (Abbildung 7.2). Diese starke Abnahme der Beschichtungsrate beim Übergang zwischen amorphem und mikrokristallinem Silizium ist ein bekannter Effekt [51, 113].

Die unerwartete Abnahme bzw. das Fehlen der kristallinen Phase bei einem Silangehalt zwischen 0,5 und 2 % kann allerdings gegenwärtig nicht interpretiert werden.

7.2. Kristallitgröße

Die Änderung des kristallinen Anteils der Schicht (Abbildung 7.2) führt häufig zu einer Änderung der Kristallitgröße [114]. Wie in Abschnitt 4.3.4 beschrieben wurde, kann aus Raman-Spektren auch die Kristallitgröße abgeschätzt werden.

In einem HF-Plasma kommt es mit steigendem kristallinem Anteil (Raman-Kristallinität X_C) zu einer Zunahme der Kristallitgröße. Dies äußert sich im Raman-Spektrum an der Lage und der Breite des TO-Peaks, der den kristallinen Anteil repräsentiert. Mit zunehmender Kristallitgröße kommt es zu einer Vergrößerung der Ramanverschiebung und zu einer Abnahme der Breite des TO-Peaks.

Im Folgenden wird nur der Bereich des Silangehaltes betrachtet, in dem der kristalline Anteil der Schichten X_C nicht Null ist ($X_{SiH_4} \leq 0,5\,\%$ und $X_{SiH_4} \geq 2\,\%$). Im Raman-Spektrum ist also der TO-Peak bei ca. 520 cm^{-1} vorhanden.

Mit abnehmendem Silangehalt im Prozessgas (und somit mit einer Zunahme des kristallinen Anteils, Abbildung 7.2) kommt es zu einer Vergrößerung der Raman-Verschiebung bis zu einem Maximalwert von rund 518 cm^{-1} (Abbildung 7.5). Im Vergleich dazu befindet sich bei einem einkristallinem Siliziumwafer der Peak bei 520 cm^{-1} [33].

Der Verlauf der Halbwertsbreite FWHM (Full Width at Half Maximum) in Abbildung 7.5 weicht vom bisher in der Literatur geschilderten Verlauf ab, wonach mit zunehmender Raman-Verschiebung die Halbwertsbreite abnimmt [114]. Im hier betrachteten Fall nehmen sowohl Halbwertsbreite als auch die Raman-Verschiebung bei abnehmendem X_{SiH_4} ebenfalls zu.

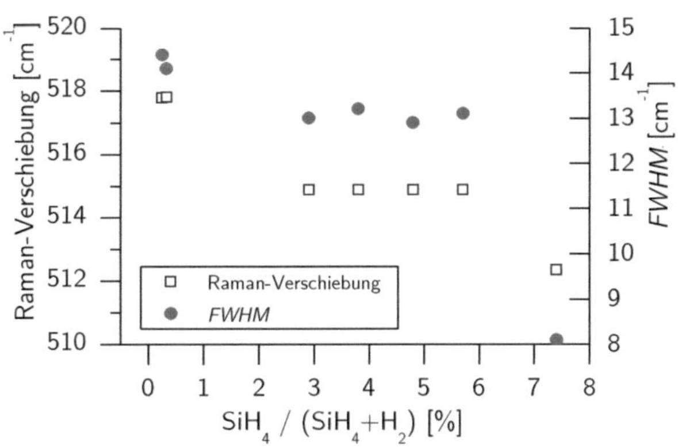

Abb. 7.5.: Raman-Verschiebung und Halbwertsbreite des TO-Peaks in Abhängigkeit vom Silangehalt X_{SiH_4}(nur Darstellung der Schichten aus Abbildung 7.2, die einen kristallinen Anteil aufweisen).

Abbildung 7.6a zeigt die Kristallitgröße, die gemäß Abschnitt 4.3.4 aus der Ramanverschiebung des TO-Peaks der mikrokristallinen Schichten berechnet wurde. Mit Zunahme des kristallinen Anteils von 2,5 auf rund 70 % kommt es zu einer Zunahme der Kristallitgröße von 2 nm um den Faktor 2,7 auf 5,4 nm. Diese Werte liegen in der selben Größenordnung wie bei vergleichbaren HF-PECVD-Prozessen (z.B. [114, 89]).

Abbildung 7.6b steht allerdings im Widerspruch zu Abbildung 7.6a, da es hier mit abnehmendem Silangehalt zu einer Abnahme der Kristallitgröße kommt.

Da die einzelnen Kristallite allerdings durch amorphe Bereiche voneinander getrennt sind, kann der kristalline Anteil ab einem bestimmten Wert nur noch durch die Erhöhung der Kristallitgröße zunehmen und nicht mehr durch die Zunahme der Kristallitanzahl. Damit führt offensichtlich die Methode, bei der die Kristallitgröße aus der Halbwertsbreite bestimmt wird, zu falschen Ergebnissen und kann somit für die hier betrachteten Schichten nicht angewendet werden.

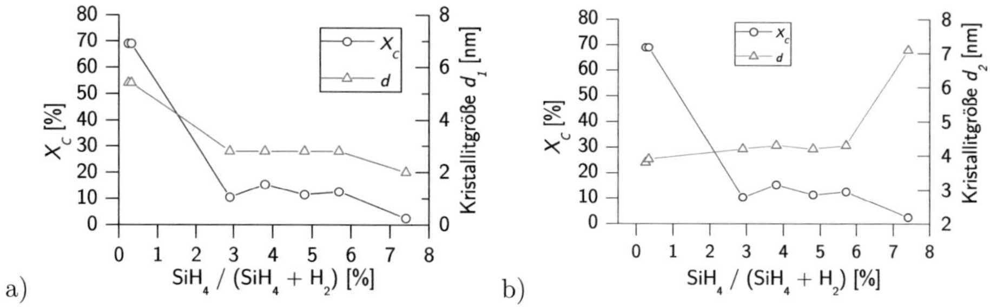

Abb. 7.6.: Kristallitgrößen und Raman-Kristallinität X_C in Abhängigkeit des Silangehaltes. a) Kristallitgröße d_1 berechnet aus der Raman-Verschiebung und b) Kristallitgröße d_2 berechnet aus der Halbwertsbreite. Es wurden nur Ergebnisse von Schichten dargestellt, deren kristalliner Anteil nicht Null ist.

Im Unterschied zu Abbildung 7.5 zeigt Abbildung 7.7 Werte für Raman-Verschiebung und Halbwertsbreite von mikrokristallinen Siliziumschichten, die durch HF-PECVD mit einer Anregungsfrequenz von 13,56 MHz hergestellt wurden. Wie bereits in diesem Abschnitt diskutiert wurde, weisen dort Raman-Verschiebung und Halbwertsbreite eine entgegengesetzten Verlauf auf.

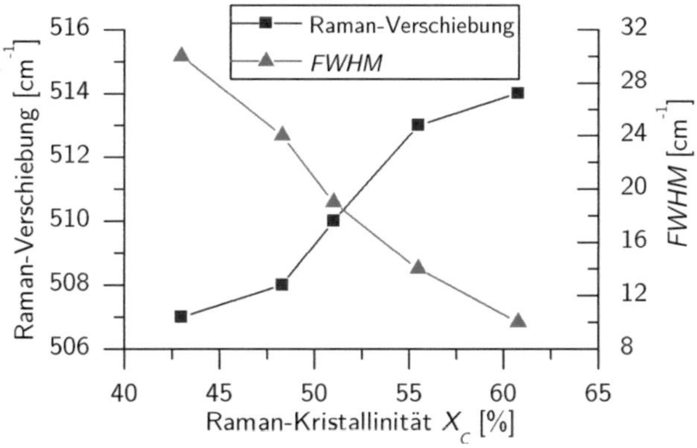

Abb. 7.7.: Raman-Verschiebung und Halbwertsbreite von mikrokristallinen Siliziumschichten, die mit HF-PECVD hergestellt wurden (13,56 MHz) als Funktion der Raman-Kristallinität (Werte aus [114]).

7.3. Schichtspannungen

Wei et al. [114, 115] untersuchten bei mikrokristallinen Siliziumschichten den Einfluss von Phosphor- und Bor-Dotierungen auf die Lage und die Halbwertsbreite des Peaks bei ca. 520 cm^{-1} im Raman-Spektrum und auf die Schichtspannung der Schichten (Zugspannungen). Durch Erhöhung der Dotandenkonzentration in der Schicht kommt es zu einer Zunahme der Halbwertsbreite und zu einer Zunahme der intrinsischen Schichtspannung. Daraus wurde geschlussfolgert, dass die eingebrachten Dotanden eine Störung der umgebenden Matrix verursachen. Es kommt zu einer Zunahme der Unordnung, was auch an einer Abnahme des kristallinen Anteils sichtbar wird. Eine Zunahme der Unordnung bedeutet, dass es breitere Streuungen der Bindungswinkel und Bindungslängen gibt. Das führt zu einer Vergrößerung der Halbwertsbreite. Diese zunehmende Verspannung des Gefüges wird auch in der Zunahme der Schichtspannung sichtbar. Zusammenfassend lässt sich sagen, dass in diesem Fall eine Erhöhung der Schichtspannung zu einer Zunahme der Halbwertsbreite führt.

Bei Wei et al. war die Ursache für die Zunahme der Schichtspannung der Einbau von Fremdatomen (Dotanden). Im hier untersuchten Magnetron-PECVD-Prozess werden größere Schichtspannungen durch Beschuss der wachsenden Schicht mit energiereichen Ionen aus dem Plasma vermutet. Durch die Zugabe von Wasserstoff (Verringerung des Silangehaltes) kommt es zu einer Erhöhung der Elektronentemperatur (Abbildung 5.2a) und zu einer Zunahme des Ionenstromes zum Substrat (Abbildung 5.2c). Eine höhere Elektronentemperatur bedeutet auch eine höhere Selbstbiasspannung des Substrates (Tabelle 5.3), mit der Ionen aus dem Plasma auf das Substrat beschleunigt werden.

Somit könnte im Magnetron-PECVD-Prozess ein höherer Wasserstofffluss die Schichtspannung erhöhen, was sich in einer Zunahme der Halbwertsbreite äußert (Abbildung 7.5).

7.4. Zusammenfassung

Prinzipiell lassen sich mit dem Magnetron-PECVD-Prozess mikrokristalline Siliziumschichten herzustellen. Wie bei HF- oder VHF-Prozessen kann durch Verringerung des Silangehaltes im Silan-Wasserstoff-Gemisch mikrokristallines Wachstum ausgelöst werden. Die Beschichtungsrate für mikrokristallines Silizium (X_C=69 %, Abbildungen 7.2 und 7.4) liegt mit 0,5 nm/s in einem vergleichbaren Bereich wie bei anderen PECVD-Prozessen (vergleiche Tabelle 3.1). Die Beschichtungsrate kann durch Erhöhung der Leistung und durch Erhöhung des Gasdurchsatzes gesteigert werden. Die Raman-Spektren zeigen jedoch auch, dass mikrokristalline Schichten des Magnetron-PECVD-Prozesses über höheren intrinsischen Stress (Zugspannung) verfügen als Schichten die mit anderen PECVD-Verfahren hergestellt wurden.

8. Zusammenfassung und Ausblick

Die vorliegende Arbeit beschäftigte sich mit der Untersuchung eines Magnetron-PECVD-Prozesses zur Abscheidung von amorphen und mikrokristallinen Siliziumschichten. Die Magnetron-Sputterquelle dient dabei als Plasmaquelle, die hohe Beschichtungsraten ermöglicht.

Durch die Magnetfeld-geführte Entladung ergibt sich eine hohe Plasmadichte. Diese führt zu einer starken Anregung und zu einer starken Ausnutzung des verwendeten Prekursors und somit zu einer höheren Beschichtungsrate als bei HF-PECVD-Verfahren. Durch den höheren Ionisationsgrad brennt die Entladung auch bei einem geringeren Druck noch stabil. Außerdem ist es möglich, den PECVD-Prozessdruck (typisch mehrere 10 Pa bis 1000 Pa) in den Bereich von PVD- bzw. Sputterprozessen ($< 1\,\text{Pa}$) abzusenken. Das erlaubt die Kombination von PECVD- und PVD-Prozessen in einer In-line-Anlage ohne aufwendige Vakuumtrennung, was eine Kostenreduktion ermöglicht.

Die Untersuchungen haben gezeigt, dass das untersuchte Magnetron-PECVD-Verfahren zur Abscheidung von amorphen und mikrokristallinen Siliziumschichten geeignet ist. Die erzielten Beschichtungsraten für amorphes Silizium liegen ohne Wasserstoffverdünnung bei einer Leistung von 6 kW bei etwas mehr als 5 nm/s. Das ist etwa um den Faktor 5 höher als in HF-PECVD-Prozessen. Weitere Steigerungen sind möglich, wenn Gasdurchsatz und Leistung erhöht werden.

Allen HF-PECVD-Prozessen ist zu eigen, dass die Elektroden zur Einkopplung der HF-Energie während des Betriebes ebenfalls mit Reaktionsprodukten aus dem Plasma beschichtet werden. Dadurch ändert sich die kapazitive Ankopplung an das Plasma. Die daraus resultierenden Prozessschwankungen beeinflussen die Langzeitstabilität des Prozesses negativ. Nach einer gewissen Betriebszeit ist somit eine Reinigung der Elektroden notwendig. Beim Magnetron-PECVD-Prozess kann durch prozesstechnische Maßnahmen, z.B. durch die Zugabe von Argon zum Prozessgas und dadurch auftretende Sputtereffekte, der Beschichtung der Elektroden (hier das Silizium-Target) wirkungsvoll entgegengewirkt werden. Die Leitbahn des Targets bleibt somit frei von Beschichtungen. Damit steht über eine lange Betriebszeit eine langzeitstabile Elektrode zur Energieeinkopplung zur Verfügung. Da bei Verwendung eines Siliziumtargets kein signifikanter Einfluss des Argonflusses auf die Schichteigenschaften festgestellt werden konnte, lässt sich der Argonfluss über einen weiten Bereich variieren, um die prozesstechnischen Anforderungen zu erfüllen.

Neben der Prozessstabilität sind die erreichbaren Schichteigenschaften von besonderem Interesse. Für die Photoempfindlichkeit $\sigma_{hell}/\sigma_{dunkel}$ konnten Werte von bis zu 250.000 erreicht werden. Durch den zusätzlichen Einlass von Wasserstoff findet eine gute Passivierung von Dangling Bonds in der aufwachsenden Schicht statt. Damit wird die Anforderung an Device-Grade-Material (>100.000) übertroffen. Allerdings ist der Maximalwert der Hellleitfähigkeit σ_{hell} noch rund eine Größenordnung zu gering. Trotz der sehr guten Photoempfindlichkeit würde sich bei Dünnschichtsolarzellen die zu geringe Hellleitfähigkeit ungünstig auf den zu erwartenden Zellwirkungsgrad auswirken.

In umfangreichen Experimenten wurden der Wasserstoffgehalt und die Bindungsart, mit der Wasserstoff in der Schicht gebunden ist, untersucht. Der durchschnittliche Wasserstoffgehalt von rund 20 at.-% und mehr deutet darauf hin, dass die Schicht mit relativ vielen Dangling Bonds aufwächst, die durch den Wasserstoff passiviert werden. Amorphes Silizium in Device-Grade-Qualität hat einen mittleren Wasserstoffgehalt von 10 at.-%. Der hohe Wasserstoffgehalt der Magnetron-PECVD-Schichten stellt an sich kein Problem dar, ist aber Ausdruck der hohen Anzahl an passivierten offenen Siliziumbindungen. Ohne diese stattfindende Passivierung wären die hohen Werte der Photoempfindlichkeit nicht möglich.

Der Mikrostrukturparameter ist relativ unabhängig vom Wasserstofffluss und anderen Prozessparametern und besitzt relativ hohe Werte zwischen 0,6 und 0,8. Der Wasserstoff in der Schicht liegt somit hauptsächlich in den Formen SiH_2 und SiH_3 vor. Die gewünschte Bindungsart, die sich durch einen kleinen Mikrostrukturparameter ($R^* \leq 0,1$) äußert, ist jedoch SiH. Durch den hohen Mikrostrukturparameter ist eine stärkere Degradation durch den Staebler-Wronski-Effekt zu erwarten. Die Ursache für den ungünstigen Einbau von Wasserstoff ist in den Plasmaeigenschaften der verwendeten Plasmaquelle zu finden.

Durch die Bestimmung der Elektronentemperatur, Plasmadichte und Ionensättigungsstromdichte mittels einer Langmuir-Sonde konnten Erklärungen für die Schichteigenschaften und deren Zusammenhang mit den Plasmabedingungen gefunden werden. Durch die hohe Plasmadichte in einem Magnetronplasma sind mehr Elektronen, die die nötige Energie zur Dissoziation und Anregung von Silan besitzen, vorhanden als in HF-PECVD-Prozessen. Dadurch werden mehr Radikale gebildet, die zur Schichtbildung beitragen. Dies macht sich in der bereits erwähnten höheren Beschichtungsrate bemerkbar und ist somit ein eindeutiger Vorteil des eingesetzten Magnetrons als Plasmaquelle für PECVD-Prozesse.

Als nachteilige Eigenschaft der verwendeten Plasmaquelle erweist sich jedoch die hohe Energie der Teilchen. Aus der Elektronentemperatur und Plasmadichte konnten Rückschlüsse auf die Energie der Teilchen und deren qualitative Verteilung gewonnen werden. Durch die hohen Teilchenenergien wird das Silan stärker aufgespalten als notwendig. Somit kommt es zu einer ungünstigen Beeinflussung der Radikaldichten im

Plasma. Statt SiH_3-Radikalen entstehen vor allem die für gute Schichteigenschaften ungünstigen SiH_2- und SiH-Radikale.

Mit anderen Prekursoren (z.B. HMDSO) ist die hohe Plasmadichte in Kombination mit den relativ hohen Teilchenenergien, die im Magnetron-PECVD-Prozess vorliegen, von Vorteil. Dies führt zu starker Anregung des Prekursors und zu guten Schichteigenschaften. Diese Plasmaeigenschaften sind in einem Silan-Wasserstoff-Plasma aufgrund der Mechanismen, die bei der Schichtbildung ablaufen, von Nachteil.

Nach dem gegenwärtigen Stand der Arbeit ist es möglich, Siliziumschichten mit hoher Beschichtungsrate herzustellen. Allerdings sind die bisher erreichten Schichteigenschaften für Device-Grade-Material noch ungenügend. Das Magnetron erzeugt einerseits vorteilhaft große Plasmadichten, andererseits aber auch hohe Elektronentemperaturen, die sich negativ auf die Schichteigenschaften auswirken.

Zur genauen Untersuchung der Zusammenhänge zwischen den Plasmaparametern und den Radikaldichten sollten perspektivisch die Radikaldichten direkt im Plasma bestimmt werden. Dies ist z.B. mittels Laser-Absorptionsspektroskopie möglich. Erste Anwendungen zur Plasmadiagnostik mit einem sogenannten Quanten-Kaskaden-Laser wurden in [116] und [117] beschrieben. Dabei werden Lichtwege im Kilometerbereich erreicht, was zu einer guten Absorption durch die vorhandenen Radikale führt. Mit den ermittelten Radikaldichten und dem Vergleich mit PECVD-Prozessen, die Device-Grade-Material hervorbringen, könnten Korrelationen zwischen der Energieverteilung der Teilchen im Plasma, den Radikaldichten und den Schichteigenschaften ermittelt werden.

Weitere Arbeiten sollten sich außerdem auf die Absenkung der Elektronentemperaturen im Magnetron-PECVD-Prozess konzentrieren. Das könnte z.B. durch die Verwendung eines starken Magnetfeldes erreicht werden. In [118] wurde ein solcher Ansatz für die Abscheidung von ITO beschrieben. Durch das starke Magnetfeld konnte die Plasmaimpedanz und damit die Targetspannung gesenkt werden. Dadurch reduziert sich die Energie der auf das Substrat auftreffenden hochenergetischen negativen Sauerstoffionen. In wieweit das auch auf die Energie der Elektronen zutrifft, müsste in Versuchen mit starkem Magnetfeld durch Langmuir-Sondenmessungen untersucht werden.

A. Anhang

A.1. GDOES-Spektren

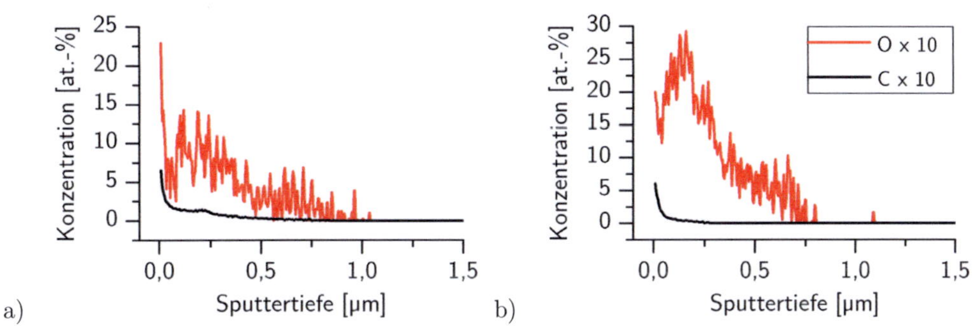

Abb. A.1.: GD-OES-Spektren zu Abbildung 6.8, Variation des Pumpspaltes bei 10 % Heizleistung. a) Pumpspalt 2 mm. b) Pumpspalt 6 mm. Eine Vergrößerung des Pumpspaltes führt zur Zunahme der Sauerstoffkonzentration und zu einer Abnahme der Kohlenstoffkonzentration.

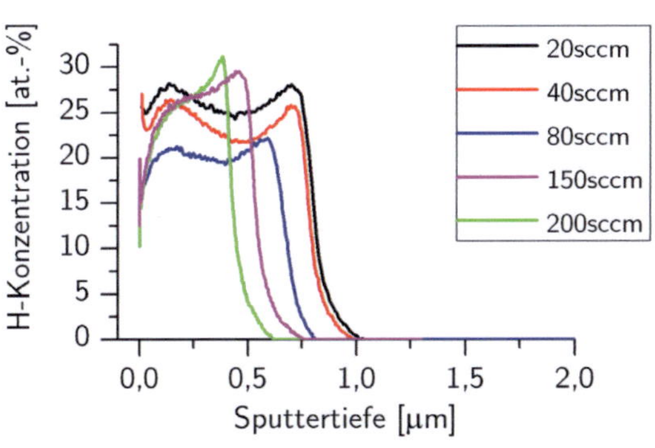

Abb. A.2.: GD-OES-Spektren zu Abbildung 6.15 für verschiedene Wasserstoffflüsse. Mit steigendem Wasserstofffluss (bis 80 sccm) sinkt der Wasserstoffgehalt der amorphen Siliziumschicht. Bei weiterer Wasserstoffzugabe steigt der Gesamtwasserstoffgehalt der abgeschiedenen Schicht wieder an.

A.2. Tauc-Plot

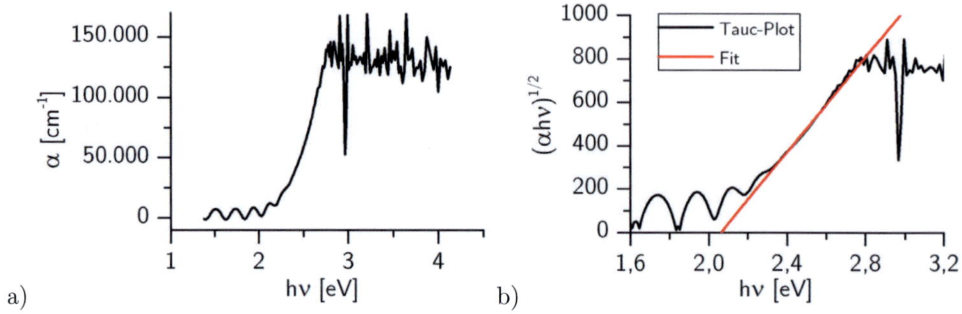

Abb. A.3.: a) Absorptionsspektrum und b) daraus abgeleiteter Tauc-Plot einer amorphen Siliziumschicht zur Bestimmung der Bandlücke (Abbildung 6.16 mit einen Wasserstofffluss von 0 sccm). Die Bandlücke ergibt sich aus dem Schnittpunkt der Fitgeraden mit der x-Achse zu 2,06 eV.

A.3. FTIR-Spektren

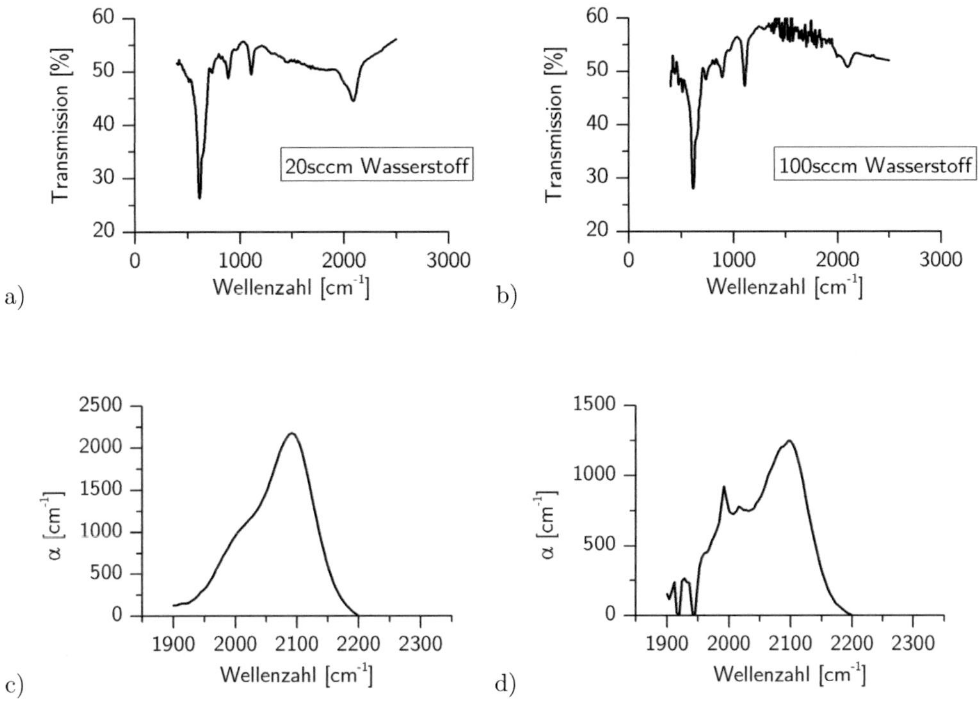

Abb. A.4.: FTIR-Transmissionsspektren einer amorphen Siliziumschicht zu Abbildung 6.18 hergestellt mit a) 20 sccm Wasserstoff und b) 100 sccm Wasserstoff und der daraus abgeleitete Absorptionskoeffizient α zur Bestimmung des Mikrostrukturparameters R^* c) und d). Für 20 sccm Wasserstoff ergibt sich ein Mikrostrukturparameter von 0,75; für 100 sccm von 0,6.

A.4. Raman-Spektren

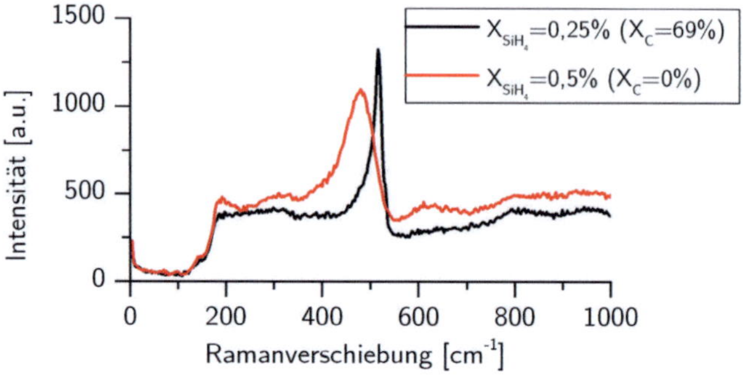

Abb. A.5.: Raman-Spektren zu Abbildung 7.2. Dargestellt sind Spektren einer mikrokristallinen (X_C=69 %) und einer rein armophen (X_C=0 %) Siliziumschicht. Charakteristisch für die mikrokristalline Phase ist der Peak bei 520 cm^{-1}. Die amorphe Phase wird durch den Peak bei 480 cm^{-1} repräsentiert.

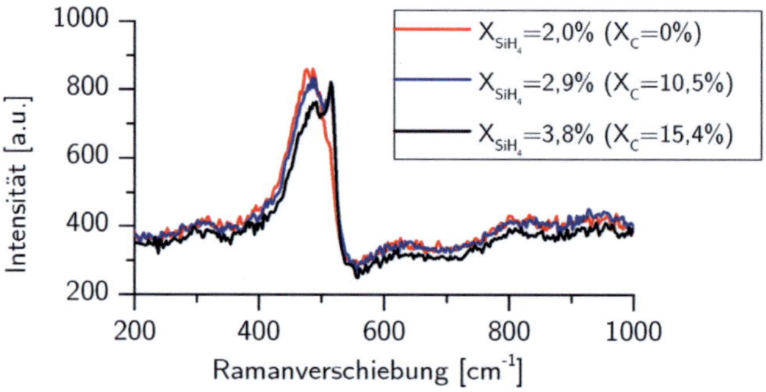

Abb. A.6.: Raman-Spektren zu Abbildung 7.2. Dargestellt sind Spektren mit steigenden Silangehalt X_{SiH_4} und steigender Raman-Kristallinität X_C.

Literaturverzeichnis

[1] W. Spear, P. Le Comber: *Substitutional doping of amorphous silicon.* Solid State Communications, 17, 1193 – 1196, 1975.

[2] H. Âguas, S. Pereira, D. Costa, P. Barquinha, L. Pereira, E. Fortunato, R. Martins: *3 dimensional polymorphous silicon based metal-insulator-semiconductor position sensitive detectors.* Thin Solid Films, 515, 7530 – 7533, 2007.

[3] E. Fortunato, F. Soares, P. Teodoro, N. Guimarães, M. Mendes, H. Âguas, V. Silva, R. Martins: *Characteristics of a linear array of a-Si:H thin film position sensitive detector.* Thin Solid Films, 337, 222 – 225, 1999.

[4] M. Ristova, Y. Kuo, H. H. Lee: *Study of hydrogenated amorphous silicon thin films as a potential sensor for He-Ne laser light detection.* Applied Surface Science, 218, 44 – 53, 2003.

[5] E. Fortunato, A. Malik, R. Martins: *Amorphous silicon thin films applied to photochemical sensors.* Vacuum, 52, 41 – 44, 1999.

[6] R. E. I. Schropp, M. Zeman: Amorphous and Microcrystalline Silicon Solar Cells: Modeling, Materials and Device Technology. Kluwer Academic Publishers Boston, 1998.

[7] S. Wagner, H. Gleskova, I.-C. Cheng, M. Wu: *Silicon for thin-film transistors.* Thin Solid Films, 430, 15 – 19, 2003.

[8] M. Konagai: *Thin-Film Photovoltaics: An Overview.* In: Proceedings of the 26th European Photovoltaic Solar Energy Conference and Exhibition, 2011.

[9] A. Matsuda, K. Tanaka: *Investigation of the growth kinetics of glow-discharge hydrogenated amorphous silicon using a radical separation technique.* Journal of Applied Physics, 60, 2351–2356, 1986.

[10] U. Kroll, C. Bucher, S. Benagli, I. Schönbächler, J. Meier, A. Shah, J. Ballutaud, A. Howling, C. Hollenstein, A. Büchel, M. Poppeller: *High-efficiency p-i-n a-Si:H solar cells with low boron cross-contamination prepared in a large-area single-chamber PECVD reactor.* Thin Solid Films, 451-452, 525 – 530, 2004.

[11] B. Leszczynska, C. Strobel, M. Albert, J. Bartha, U. Stephan, J. Kuske: *Influence of Excitation Frequencies (81.36 - 120 MHz) in the VHF-PECVD Technique on the Deposition Rate and Properties of Silicon Thin-Film Solar Cells.* In:

Proceedings of the 26th European Photovoltaic Solar Energy Conference and Exhibition, 2011.

[12] H. Jia, J. K. Saha, N. Ohse, H. Shirai: *High-rate synthesis of microcrystalline silicon films using high-density SiH4/H2 microwave plasma.* Thin Solid Films, 515, 6713 – 6720, 2007.

[13] J. Fahlteich, M. Fahland, W. Schönberger, N. Schiller: *Permeation barrier properties of thin oxide films on flexible polymer substrates.* Thin Solid Films, 517, 3075–3080, 2009.

[14] M. Fahland, T. Vogt, B. Meyer, J. Fahlteich, N. Schiller, M. Vinnichenko, F. Munnik: *Deposition of functional coatings on polyethylene terephthalate films by magnetron-plasma-enhanced chemical vapour deposition.* Thin Solid Films, 517, 3043–3047, 2009.

[15] P. Frach, D. Glöß, H. Bartzsch, K. Täschner, J. Liebig, E. Schultheiss: *Advanced key technologies for magnetron sputtering and PECVD of inorganic and hybrid transparent coatings.* Thin Solid Films, 518, 3105–3108, 2010.

[16] K. Täschner, H. Bartzsch, P. Frach, E. Schultheiss: *Scratch resistant optical coatings on polymers by magnetron-plasma-enhanced chemical vapor deposition.* Thin Solid Films, 4150–4154, 2011.

[17] L. Artsimowitsch, R. Sagdejew: Plasmaphysik für Physiker. B.G. Teubner Stuttgart, 1983.

[18] S. Rossnagel, J. Cuomo, W. Westwood: Handbook of Plasma Processing Technology. Noyes Publications Norwich, New York, 1990.

[19] G. Janzen: Plasmatechnik. Hüthing Buch Verlag Heidelberg, 1992.

[20] G. Kienel, K. Röll: Vakuumbeschichtung 2 - Verfahren und Anlagen. VDI-Verlag Düsseldorf, 1995.

[21] K. Schade, G. Suchaneck, H.-J. Tiller: Plasmatechnik. Verlag Technik Berlin, 1990.

[22] K. Schade, F. Stahr, O. Steinke, U. Stephan: *Plasmachemische Gasphasenabscheidung - eine Technologie zur Deposition organischer und anorganischer Schichten.* Vakuum in Forschung und Praxis, 17, 148–154, 2005.

[23] H. Frey: Vakuumbeschichtung 1: Plasmaphysik - Plasmadiagnostik - Analytik. VDI-Verlag Düsseldorf, 1995.

[24] P. Frach, C. Gottfried, H. Bartzsch, K. Goedicke: *The double ring magnetron process module - a tool for stationary deposition of metals, insulators and reactive sputtered compounds.* Surface and Coatings Technology, 90, 75 – 81, 1997.

[25] S. Maniv, W. Westwood: *Discharge characteristics for magnetron sputtering of Al in Ar and Ar/O2 mixtures.* Journal of Vacuum Science and Technology, 17, 1980.

[26] G. Franz: Oberflächentechnologie mit Niederdruckplasmen: Beschichten und Strukturieren in der Mikrotechnik. Springer Berlin, 2004.

[27] S. Schiller, K. Goedicke, J. Reschke, V. Kirchhoff, S. Schneider, F. Milde: *Pulsed magnetron sputter technology.* Surface and Coatings Technology, 61, 331 – 337, 1993.

[28] S. Jäger, B. Szyszka, J. Szczyrbowski, G. Bräuer: *Comparison of transparent conductive oxide thin films prepared by a.c. and d.c. reactive magnetron sputtering.* Surface and Coatings Technology, 98, 1304 – 1314, 1998.

[29] J. Geiser: Simulation of Deposition Processes with Pecvd Apparatus: Theory and Applicatios. Nova Science Pub Hauppauge, New York, 2012.

[30] M. Rösch: *Experimente und numerische Modellierung zum Ladungsträgertransport in a-Si:H/c-Si Heterodioden.* Dissertation, Universität Oldenburg, 2003.

[31] F. Köhler: *Zur Mikrostruktur siliziumbasierter Dünnschichten für die Photovoltaik.* Dissertation, RWTH Aachen, 2012.

[32] J. Tauc: Amorphous and Liquid Semiconductors. Plenum Press London, 1974.

[33] A. Madan, M. P. Shaw: The Physics and Applications of Amorphes Semiconductors. Academic Press Boston, 1988.

[34] D. L. Staebler, C. R. Wronski: *Reversible conductivity changes in discharge-produced amorphous Si.* Applied Physics Letters, 31, 292–294, 1977.

[35] H. Branz: *Hydrogen collision model: Quantitative description of metastability in amorphous silicon.* Physical Review B, 59(8), 5498–5512, 1999.

[36] M. Pinarbasi, M. J. Kushner, J. R. Abelson: *Effect of hydrogen content on the light induced defect generation in direct current magnetron reactively sputtered hydrogenated amorphous silicon thin films.* Journal of Applied Physics, 68(5), 2255–2264, 1990.

[37] D. E. Carlson, K. Rajan: *Evidence for proton motion in the recovery of light-induced degradation in amorphous silicon solar cells.* Journal of Applied Physics, 83(3), 1726–1729, 1998.

[38] D. E. Carlson, K. Rajan: *The reversal of light-induced degradation in amorphous silicon solar cells by an electric field.* Applied Physics Letters, 70(16), 2168–2170, 1997.

[39] W. M. M. Kessels, A. H. M. Smets, D. C. Marra, E. S. Aydil, D. C. Schram, M. C. M. van de Sanden: *On the growth mechanism of a-Si:H.* Thin Solid Films, 383(1-2), 154 – 160, 2001.

[40] M. Kondo, A. Matsuda: *An approach to device grade amorphous and microcrystalline silicon thin films fabricated at higher deposition rates.* Current Opinion in Solid State and Materials Science, 6(5), 445 – 453, 2002.

[41] R. Street: Technology and Applications of Amorphous Silicon. Springer Berlin, 2000.

[42] C. C. Tsai, R. Thompson, C. Doland, F. A. Ponce, G. B. Anderson, B. Wacker: *Transition from Amorphous to Crystalline Silicon: Effect of Hydrogen on Film Growth.* In: MRS Proceedings, Band 118, 49, 1988.

[43] G. Ganguly, A. Matsuda: *Role of hydrogen dilution in improvement of a-SiGe:H alloys.* Journal of Non-Crystalline Solids, 198-200, Part 1(0), 559 – 562, 1996.

[44] A. Matsuda: *Formation kinetics and control of microcrystallite in [mu]c-Si:H from glow discharge plasma.* Journal of Non-Crystalline Solids, 59-60(Part 2), 767 – 774, 1983.

[45] H. Shirai, B. Drevillon, I. Shimizu: *Role of hydrogen plasma during growth of hydrogenated microcrystalline silicon: in situ UV-visible and infrared ellipsometry study.* Japanese Journal of Applied Physics, Part 1, 33, 5590–5598, 1994.

[46] W. van Sark, J. Bezemer, W. van der Weg: *Role of ions in PECVD of amorphous silicon.* Surface and Coatings Technology, 74-75, 63 – 66, 1995.

[47] S. Veprek, F. A. Sarrott, S. Rambert, E. Taglauer: *Surface hydrogen content and passivation of silicon deposited by plasma induced chemical vapor deposition from silane and the implications for the reaction mechanism.* Journal of Vacuum Science & Technology A: Vacuum, Surfaces, and Films, 7(4), 2614–2624, 1989.

[48] A. Feltrin, B. Strahm, G. Bugnon, F. Sculati-Meillaud, C. Ballif, A. Howling, C. Hollenstein: *Input silane concentration effect on the a-Si:H to muc-Si:H transition width.* Solar Energy Materials and Solar Cells, 94(3), 432 – 435, 2010.

[49] C. Tsai, G. Anderson, R. Thompson, B. Wacker: *Control of silicon network structure in plasma deposition.* Journal of Non-Crystalline Solids, 114(Part 1), 151 – 153, 1989.

[50] K. Nakamura, K. Yoshino, S. Takeoka, I. Shimizu: *Roles of atomic hydrogen in chemical annealing.* Japanese Journal of Applied Physics, Part 1, 34, 442–449, 1995.

[51] A. Matsuda: *Growth mechanism of microcrystalline silicon obtained from reactive plasmas.* Thin Solid Films, 337(1-2), 1 – 6, 1999.

[52] Q. Wang, M. R. Page, E. Iwaniczko, Y. Q. Xu, L. Roybal, R. Bauer, D. Levi, Y. F. Yan, D. Meier, T. H. Wang, H. M. Branz: *Silicon Hetero Junction Solar Cells by Hot-Wire CVD.* In: Proceedings of ISES World Congress 2007, Band 1 -4, 1144 – 1147, 2009.

[53] S. R. Jadkar, J. V. Sali, D. V. Musale, S. T. Kshirsagar, M. G. Takwale: *Influence of silane flow on structural, optical and electrical properties of a-Si:H thin films deposited by hot wire chemical vapor deposition (HW-CVD) technique.* Solar Energy Materials and Solar Cells, 71(2), 153 – 167, 2002.

[54] Y. Sakuma, H. Liu, H. Shirai, Y. Moriya, H. Ueyama: *Low temperature formation of microcrystalline silicon films using high-density SiH4 microwave plasma.* Thin Solid Films, 386(2), 261 – 266, 2001.

[55] D. H. Thang, H. Muta, Y. Kawai: *Investigation of plasma parameters in 915 MHz ECR plasma with SiH4/H2 mixtures.* Thin Solid Films, 516(13), 4452 – 4455, 2008.

[56] A. Shah, J. Meier, A. Buechel, U. Kroll, J. Steinhauser, F. Meillaud, H. Schade, D. Domine: *Towards very low-cost mass production of thin-film silicon photovoltaic (PV) solar modules on glass.* Thin Solid Films, 502(1-2), 292 – 299, 2006.

[57] G. Bugnon, A. Feltrin, R. Bartlome, B. Strahm, A. Bronneberg, G. Parascandolo, C. Ballif: *Microcrystalline and micromorph device improvements through combined plasma and material characterization techniques.* Solar Energy Materials and Solar Cells, 95(1), 134 – 137, 2011.

[58] S. Sheng, Y. K. Chae, X. Yang, J. Su, D. Wang, D. Tanner, C. Eberspacher: *High performance amorphous-microcrystalline Si tandem solar cells and modules fabricated on next-generation TCO glass using large-area PECVD cluster systems.* In: Proceedings of 24th European Photovoltaic Solar Energy Conference, Band 1, 2850–2853, 2009.

[59] Y. Chae, T. Won, L. Li, S. Sheng, S. Choi, J. White, M. Frei: *Deposition of amorphous silicon/microcrystalline silicon for tandem solar cells using cluster PECVD tool on jumbo size substrates (Gen8.5).* In: Proceedings of the 22nd European Photovoltaic Solar Energy Conference, Milan, 2007, 1807–1809, 2007.

[60] T. Repmann, S. Wieder, S. Klein, H. Stiebig, B. Rech: *Production Equipment for Large Area Deposition of Amorphous and Microcrystalline Silicon Thin-Film Solar Cells.* In: Photovoltaic Energy Conversion, Conference Record of the 2006 IEEE 4th World Conference on, Band 2, 1724–1727, 2006.

[61] Fraunhofer-Institut für Elektronenstrahl- und Plasmatechnik: Cluster 300: Versuchsanlage für das stationäre Magnetronsputtern. Flyer, V 2.0.

[62] H. Bartzsch, D. D. Glöß, B. Böcher, P. Frach, K. Goedicke: *Properties of SiO2 and Al2O3 films for electrical insulation applications deposited by reactive pulse magnetron sputtering.* Surface and Coatings Technology, 174-175, 774 – 778, 2003.

[63] H. Bartzsch: *Physikalische Grundlagenuntersuchungen zur Prozeßstabilität und zur Homogenität des Teilchen- und Energiestroms auf das Substrat beim stationären reaktiven Pulssputtern mit dem Doppelringmagnetron.* Dissertation, Otto-von-Guericke-Universität Magdeburg, 2000.

[64] Fraunhofer-Institut für Elektronenstrahl- und Plasmatechnik: UBS-C2: Unipolare/Bipolare Schalteinheit für das Puls-Magnetron-Sputtern. Flyer, V 1.1.

[65] I. Langmuir, H. Mott-Smith: *Positive ion currents in the positive column of the mercury arc.* General Electric Review, 26, 731, 1923.

[66] I. Langmuir, H. Mott-Smith: *Studies of electric discharges in gases at low pressure.* Generel Electric Review, 27, 449 – 445, 1924.

[67] E. O. Johnson, L. Malter: *A floating double probe method for measurements in gas discharges.* Physical Review, 80, 58–68, 1950.

[68] J. C. Weber: *Reaktive Abscheidung von SiOxNy-Schichten durch Puls-Magnetron-Sputtern.* Dissertation, TU Dresden, 2010.

[69] S. Löhle, G. Herdrich: *Meßverfahren für strömende Plasmen - Vorlesung.* Institut für Raumfahrtsysteme, Universität Stuttgart, Wintersemester 2010/2011.

[70] T. Dunger: *Zeitaufgelöste Messungen am gepulsten Argon-Sauerstoffplasma einer Magnetronentladung.* Diplomarbeit, Technische Universität Chemnitz, 2003.

[71] S. Klagge, M. Tichý: *A contribution to the assessment of the influence of collisions on the measurements with Langmuir probes in the thick sheath working regime.* Czechoslovak Journal of Physics, 35, 988 – 1006, 1985.

[72] A. Sonin: *The Behaviour of Free Molecule Cylindrical Langmuir Probes in Supersonic Flows, and Their Application to Study of the Blunt Body Stagnation Layer.* UTIAS Report, 109, 1965.

[73] A. Sonin: *Free-molecule Langmuir probe and its use in flow-field studies.* American Institute of Aeronautics and Astronautics Journal, 4, 1588 – 1596, 1966.

[74] J. Laframboise: *Theory of Cylindrical and Spherical Probes in a Collisional Plasma at Rest.* in: Rarefield Gas Dynamics, Vol. II, Academic Press, New York, 1966.

[75] P. Chung, L. Talbot, K. Touryan: Electric Probes in Stationary and Flowing Plasmas: Theory and Application. Springer Berlin, 1975.

[76] R. M. Clements: *Plasma diagnostics with electric probes.* Journal of Vacuum Science & Technology, 15(2), 193–198, 1978.

[77] M. Martinek: *Langmuir Probes Measurement : Evaluation of Te and ne.* Technischer Bericht, Fraunhofer FEP, 2007.

[78] H. Bartzsch, M. Martinek, M. Gittner: *Bestimmung der Plasmaparameter mit Hilfe einer Langmuir-Doppelsonde.* Technischer Bericht, Fraunhofer FEP, 2007.

[79] AM1.5-Spektrum: *NREL.* National Renewable Energy Laboratory, http://rredc.nrel.gov/solar/spectra/am1.5/, Onlinezugriff am 11.07.2012.

[80] A. Ganjoo, R. Golovchak: *Computer program PARAV for calculating optical constants of thin films and bulk materials: Case study of amorphous semiconductors.* Journal of Optoelectronics and Advanced Materials, 10(6), 1328 – 1332, 2008.

[81] R. Swanepoel: *Determination of the thickness and optical constants of amorphous silicon.* Journal of Physics E: Scientific Instruments, 16(12), 1214, 1983.

[82] J. Tauc, R. Grigorovici, A. Vancu: *Optical properties and electronic structure of amorphous germanium.* Physica Status Solidi, 15, 627, 1966.

[83] A. Herres, G. Zachmann: *Charakterisierung von Coatings und dünnen Schichten mit Hilfe der FTIR-Spektroskopie.* Fresenius' Journal of Analytical Chemistry, 319, 1984.

[84] A. T. Voutsas, M. K. Hatalis, J. Boyce, A. Chiang: *Raman spectroscopy of amorphous and microcrystalline silicon films deposited by low-pressure chemical vapor deposition.* Journal of Applied Physics, 78(12), 6999–7006, 1995.

[85] H. P. Klug, L. E. Alexander: X-ray diffraction procedures / for polycrystalline and amorphous materials. Wiley, New York [u.a.], 2. ed. Auflage, 1974.

[86] D. Ruff: *Elektrischer Transport in mikrokristallinem Silizium.* Dissertation, Philipps-Universität Marburg, 1999.

[87] Z. Iqbal, S. Veprek, A. Webb, P. Capezzuto: *Raman scattering from small particle size polycrystalline silicon.* Solid State Communications, 37(12), 993 – 996, 1981.

[88] Z. Iqbal, S. Veprek: *Raman scattering from hydrogenated microcrystalline and amorphous silicon.* Journal of Physics C: Solid State Physics, 15(2), 377, 1982.

[89] C. Ossadnik, S. Veprek, I. Gregora: *Applicability of Raman scattering for the characterization of nanocrystalline silicon.* Thin Solid Films, 337(1-2), 148 – 151, 1999.

[90] A. Hohl, T. Wieder, H. Fueß: *Ramanspektroskopische Untersuchung der Siliziumkristallisation in Siliziummonoxid.* In: XXV. Tagung des Arbeitskreises nichtkristalline und partiellkristalline Strukturen, AK4 der Deutschen Gesellschaft für Kristallographie (DGK), 2004.

[91] H. Bartzsch, P. Frach, K. Goedicke: *Anode effects on energetic particle bombardment of the substrate in pulsed magnetron sputtering.* Surface and Coatings Technology, 132, 244 – 250, 2000.

[92] P. Chatterton, J. Rees, W. Wu, K. AL-Assadi: *A self-compensating Langmuir probe for use in rf (13.56 MHz) plasma systems.* Vacuum, 42(7), 489 – 493, 1991.

[93] M. Heintze, R. Zedlitz, G. H. Bauer: *Analysis of high-rate a-Si:H deposition in a VHF plasma.* Journal of Physics D: Applied Physics, 26(10), 1781, 1993.

[94] A. Matsuda: *Plasma and surface reactions for obtaining low defect density amorphous silicon at high growth rates.* J. Vac. Sci. Technol. A, 16(1), 1998.

[95] J. H. Parker: *Electron Ejection by Slow Positive Ions Incident on Flashed and Gas-Covered Metallic Surfaces.* Phys. Rev., 93, 1148–1156, 1954.

[96] C. Weissmantel: Atom / Struktur der Materie, Kleine Enzyklopädie. Bibliographisches Institut Leipzig, 1. Auflage, 1970.

[97] F. Adibi, I. Petrov, J. E. Greene, L. Hultman, J.-E. Sundgren: *Effects of high-flux low-energy (20-100 eV) ion irradiation during deposition on the microstructure and preferred orientation of Ti[sub 0.5]Al[sub 0.5]N alloys grown by ultra-high-vacuum reactive magnetron sputtering.* Journal of Applied Physics, 73, 8580–8589, 1993.

[98] P. Kelly, R. Arnell: *Magnetron sputtering: a review of recent developments and applications.* Vacuum, 56(3), 159 – 172, 2000.

[99] P. Pötschick: *Abscheidung von Isolationsschichten mittels Mag-PECVD und Charakterisierung der elektrischen Eigenschaften.* Diplomarbeit, Brandenburgische Technische Universität Cottbus, 2009.

[100] H. Yasuda: Plasma Polymerization. Academic Press, Orlando, 1985.

[101] K. Täschner: *Resultate aus eigenen Versuchen mit dem Magnettron-PECVD-Prozess und den Prekursoren HMDSO und HMDSN durchgeführt am FEP*, 2007-2009.

[102] C. C. Tsai, M. Stutzmann, W. B. Jackson: *The Staebler-Wronski effect in undoped a-Si:H: its intrinsic nature and the influence of impurities.* AIP Conference Proceedings, 120(1), 242–249, 1984.

[103] M. Stutzmann, W. B. Jackson, C. C. Tsai: *Light-induced metastable defects in hydrogenated amorphous silicon: A systematic study.* Phys. Rev. B, 32(1), 23–47, 1985.

[104] A. Madan, P. L. Comber, W. Spear: *Investigation of the density of localized states in a-Si using the field effect technique.* Journal of Non-Crystalline Solids, 20(2), 239 – 257, 1976.

[105] R. Loveland, W. Spear, A. Al-Sharbaty: *Photoconductivity and absorption in amorphous Si.* Journal of Non-Crystalline Solids, 13(1), 55 – 68, 1973.

[106] H. Meiling, M. J. Van Den Boogaard, R. Schropp, J. Bezemer, W. Van der Weg: *Hydrogen Dilution of Silane: Correlation Between the Structure and Optical Band Gap in Gd a-Si:H Films.* MRS Online Proceedings Library, 192, 1990.

[107] S. Okamoto, Y. Hishikawa, S. Tsuda: *New Interpretation of the Effect of Hydrogen Dilution of Silane on Glow-Discharged Hydrogenated Amorphous Silicon for Stable Solar Cells.* Japanese Journal of Applied Physics, 35(Part 1, No. 1A), 26–33, 1996.

[108] C. Manfredotti, F. Fizzotti, M. Boero, P. Pastorino, P. Polesello, E. Vittone: *Influence of hydrogen-bonding configurations on the physical properties of hydrogenated amorphous silicon.* Phys. Rev. B, 50, 18046–18053, 1994.

[109] S. Zafar, E. A. Schiff: *Hydrogen-mediated model for defect metastability in hydrogenated amorphous silicon.* Phys. Rev. B, 40, 5235–5238, 1989.

[110] A. V. Shah, J. Meier, E. Vallat-Sauvain, N. Wyrsch, U. Kroll, C. Droz, U. Graf: *Material and solar cell research in microcrystalline silicon.* Solar Energy Materials and Solar Cells, 78(1-4), 469 – 491, 2003. Critical review of amorphous and microcrystalline silicon materials and solar cells.

[111] J. Meier, S. Dubail, D. Fischer, J. A. A. Selvan, N. P. Vaucher, R. Platz, C. Hof, R. Flückiger, U. Kroll, N. Wyrsch, P. Torres, H. Keppner, A. Shah, K.-D. Ufert: *The 'Micromorph' Solar Cells: a New Way to High Efficiency Thin Film Silicon Solar Cells.* Proceedings of the 13th EC Photovoltaic Solar Energy Conference, 1445–1450, 1995.

[112] B. Strahm, A. A. Howling, L. Sansonnens, C. Hollenstein: *Plasma silane concentration as a determining factor for the transition from amorphous to microcrystalline silicon in SiH4/H2 discharges.* Plasma Sources Science and Technology, 16(1), 80–89, 2007.

[113] B. Strahm, A. Howling, L. Sansonnens, C. Hollenstein, U. Kroll, J. Meier, C. Ellert, L. Feitknecht, C. Ballif: *Microcrystalline silicon deposited at high rate on large areas from pure silane with efficient gas utilization.* Solar Energy Materials and Solar Cells, 91(6), 495 – 502, 2007.

[114] W. Wei: *One- and two-phonon Raman scattering from hydrogenated nanocrystalline silicon films.* Vacuum, 81(7), 857 – 865, 2007.

[115] W. Wei, G. Xu, J. Wang, T. Wang: *Raman spectra of intrinsic and doped hydrogenated nanocrystalline silicon films.* Vacuum, 81(5), 656 – 662, 2007.

[116] S. Welzel, F. Hempel, M. Hüner, N. Lang, P. B. Davies, J. Röpcke: *Quantum Cascade Laser Absorption Spectroscopy as a Plasma Diagnostic Tool: An Overview.* Sensors, 10(7), 6861–6900, 2010.

[117] J. Röpcke, S. Glitsch, P. Davies, F. Hempel, N. Lang, A. Rousseau, S. Wege, S. Welzel: *Quantum cascade laser absorption spectroscopy - A new method to study molecular plasma components.* Journal of Physics: Conference Series, 227(1), 2010.

[118] H. Bartzsch, D. Glöß, M. Gittner, C. Gottfried, K. Suzuki: *Low damage magnetron sputtering of TCO films.* In: ICCG - International Conference on Coatings on Glass and Plastics 9, 2012.